高等学校新工科人才培养系列教材

Java EE框架技术教程

(Spring MVC + Spring + MyBatis + Spring Boot)

陈永政　张正龙　夏才云　编著

皮少华　主审

西安电子科技大学出版社

内 容 简 介

本书对当前企业使用较多的 Java 技术框架 Spring MVC、Spring、MyBatis 及 Spring Boot 的基本知识和使用方法进行了详细的讲解。全书共九章。第一章主要介绍 MyBatis 开发入门知识；第二章主要介绍 MyBatis 配置选项；第三章主要介绍 MyBatis 映射器(Mapper)；第四章主要介绍 Spring 核心技术；第五章主要介绍 Spring MVC；第六章主要介绍 Spring MVC、Spring、MyBatis 三个框架的集成；第七章为 Spring Boot 入门；第八章介绍 Maven 基础知识；第九章为项目实战，使用 Spring Boot 整合三大框架实现机房管理和简化进销存系统。本书在讲解知识点的同时还提供了丰富的案例，每章末尾均给出一定量的练习题，书末附有参考答案，以帮助学习者巩固学习效果，加深对相关知识点的理解。

本书可作为高等院校计算机相关专业软件工程类课程的教材，也可作为 Java 开发相关工程技术人员的参考用书。

本书各章均提供源代码(有下载网址)。

图书在版编目(CIP)数据

Java EE 框架技术教程：Spring MVC+Spring+MyBatis+Spring Boot / 陈永政，张正龙，夏才云编著. —西安：西安电子科技大学出版社，2020.10(2023.2 重印)
ISBN 978-7-5606-5887-2

Ⅰ. ①J…　Ⅱ. ①陈…　②张…　③夏…　Ⅲ. ①JAVA 语言—程序设计—高等学校—教材
Ⅳ. ①TP312.8

中国版本图书馆 CIP 数据核字(2020)第 173491 号

策　　划　李惠萍
责任编辑　雷鸿俊
出版发行　西安电子科技大学出版社(西安市太白南路 2 号)
电　　话　(029)88202421　88201467　　邮　　编　710071
网　　址　www.xduph.com　　电子邮箱　xdupfxb001@163.com
经　　销　新华书店
印刷单位　陕西日报社
版　　次　2020 年 10 月第 1 版　　2023 年 2 月第 3 次印刷
开　　本　787 毫米×1092 毫米　1/16　印　张　13
字　　数　304 千字
印　　数　5001～8000 册
定　　价　32.00 元
ISBN 978-7-5606-5887-2 / TP

XDUP 6189001-3

前　　言

本书介绍的 Spring MVC、Spring、MyBatis 及 Spring Boot 开源框架开发技术，都是基于 Java EE 的快速 Web 应用程序开发、企业级 Web 应用的软件框架。Java EE 通过提供中间层集成框架来满足各种应用需求。Java EE 架构具有高可用性、高可靠性、高扩展性，并且成本低，是企业构建 Web 应用平台的首选。而 Java EE 架构通常选用 Spring MVC+Spring+MyBatis 框架作为其基础开发框架。通过对三个框架的合理整合，不仅可以大幅度提高系统的开发效率，而且能提高系统的稳定性、健壮性与安全性。Spring Boot 整合了很多优秀的框架，同时大大简化了 Spring 应用的初始搭建以及开发过程。它使用了特定的方式来进行配置，从而使开发人员不再需要定义样板化的配置。通过这种方式，Spring Boot 致力于在蓬勃发展的快速应用开发领域成为领导者。

本书除了介绍 Java EE 开发使用的三大开发框架 Spring MVC、Spring、MyBatis 及其整合使用，同时引入了快速开发领域领导者 Spring Boot 微服务框架和 Maven 对项目进行管理。书中实践案例丰富，有利于快速提高读者的动手能力和知识应用能力。本书共九章。第一章为 MyBatis 开发入门，讨论了 MyBatis 的优势，使用 MyBaits 访问数据库的优点，并创建了第一个 MyBatis 项目，带领读者进入 MyBatis。第二章为配置 MyBatis，使用基于 XML 配置和基于 Java API 配置的方式引导 MyBatis。第三章为映射器，这是本书的重点，讨论了怎样使用映射器配置文件书写 SQL 映射语句，如何配置简单的语句、一对一以及一对多关系的语句，以及怎样使用 resultMap 进行结果集映射；还讨论了动态 SQL 的书写方法及使用注解书写 SQL 映射语句，最后介绍如何使用 MyBatis Generator 自动创建实体类、接口及配置文件代码。第四章为 Spring 核心技术，讨论了 Spring 的核心知识，包括 Spring IoC 和 Spring AOP 技术。第五章为 Spring MVC，包括 Spring MVC 概述、创建第一个 Spring MVC 程序、Spring MVC RequestMapping 的基本设置、Spring MVC 参数处理、Spring MVC 处理静态资源，以及 Spring MVC 常用注解。第六章为 Spring MVC、Spring、MyBatis 的集成，介绍了三个框架的集成步骤。第七章为 Spring Boot 入门，主要包括 Spring Boot 简介、用 Spring Boot 创建第一个 Web 应用程序、Spring Boot 常用配置、Spring Boot Web 应用程序的发布等。第八章为 Maven 基础知识，主要介绍 Maven 入门、常用 Maven 插件、Maven 依赖管理等。第九章为项目实战，主要以机房管理系统和简化进销存系统为例，使用 Spring Boot 整合了 Spring MVC、Spring、MyBatis 框架实现一个项目的过程，同时提供了所有项目源码供下载参考。

本书突破传统的侧重 Java EE 技术细节介绍的形式，以“项目驱动、任务导向”的方式进行内容组织。首先以项目案例的实现为先导，让读者了解某项技术的应用，引起读者对这些技术实现的兴趣，激发读者探索该技术的实现原理与理论知识的愿望。然后通过有目的的学习，让读者掌握书中介绍的知识点及实现技术。本书介绍的相关技术具有一定的连贯性。

本书适合作为高等院校计算机相关专业软件工程类课程的教材，也适合作为Java应用开发相关工程技术人员的参考用书。本书配有一系列案例代码，这些案例代码均经过调试，可以直接运行。书中介绍了这些案例的实现过程，读者可以按照书中介绍的案例实现步骤自行实现，并可借助这些案例引导，逐步掌握使用Spring MVC、Spring、MyBatis框架及Spring Boot集成进行综合应用软件项目的开发。

本书相关源码下载地址为https://github.com/bay-chen/ssm2。

本书由陈永政、张正龙及重庆正大华日软件有限公司副总经理兼首席架构师夏才云担任主要编者。陈永政主要承担了第一章、第二章、第三章、第六章、第七章的编写；张正龙主要承担了第四章、第八章的编写；夏才云主要承担了第五章、第九章的编写。皮少华担任本书主审，并承担了部分章节的编写工作，同时对本书提出了大量有益的建议，本书部分教学案例的设计及教学内容的设计均由夏才云提供，在此一并表示感谢。

由于时间仓促及编者水平有限，书中难免存在疏漏和不足之处，恳请同行专家和读者批评指正。

编者邮箱：610919606@qq.com

编　者

2020年7月

目　　录

第一章　MyBatis 开发入门

MyBatis 是一个支持普通 SQL 查询、存储过程和高级映射的优秀持久层框架。MyBatis 消除了几乎所有的 JDBC 代码和参数的手工设置以及对结果集的检索封装，可以使用简单的 XML 或注解来配置和进行原始映射，将接口和 Java 的 POJO(Plain Old Java Objects，普通的 Java 对象)映射成数据库中的记录。

本章知识要点

- MyBatis 简介；
- MyBatis 的优势；
- 认识第一个 MyBatis 程序；
- MyBatis 日志。

1.1　MyBatis 简介

MyBatis 本是 Apache 的一个开源项目 iBatis，2010 年这个项目由 apache software foundation 迁移到了 google code，并且改名为 MyBatis，2013 年 11 月迁移到 Github。

iBatis 一词来源于“internet”和“abatis”的组合，是一个基于 Java 的持久层框架。iBatis 提供的持久层框架包括 sql Maps 和 Data Access Objects(DAO)。

MyBatis 的功能架构分为三层，如图 1-1 所示。

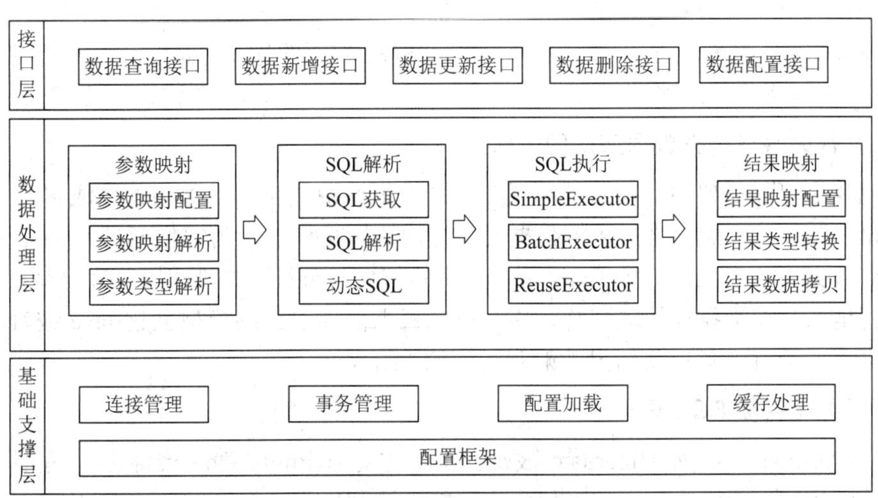

图 1-1　MyBatis 的功能架构

(1) 接口层：提供给外部使用的接口 API，开发人员通过这些本地 API 来操纵数据库。接口层一接收到调用请求就会调用数据处理层来完成具体的数据处理。

(2) 数据处理层：负责具体的参数映射、SQL 解析、SQL 执行和执行结果映射处理等，它主要的目的是根据调用的请求完成一次数据库操作。

(3) 基础支撑层：负责最基础的功能支撑，包括连接管理、事务管理、配置加载和缓存处理，这些共用的功能被抽取出来作为最基础的组件，为上层的数据处理层提供最基础的支撑。

MyBatis 应用程序主要使用 sqlSessionFactory 实例，一个 sqlSessionFactory 实例可以通过 sqlSessionFactoryBuilder 获得。sqlSessionFactoryBuilder 可以从一个 XML 配置文件或者一个预定义的配置类的实例获得。

1.2 MyBatis 的优势

1．消除了大量的 JDBC 冗余代码

Java 通过 Java 数据库连接(Java Data Base Connectivity，JDBC)API 来操作关系型数据库，但是 JDBC 是一个底层的 API，我们需要书写大量的代码来完成对数据库的操作。MyBatis 通过简单的方式实现了和 JDBC 相同的功能，如准备需要执行的 sql Statement 对象并将 Java 对象作为输入数据传递给 statement 对象的任务，开发人员可以专注于真正重要的方面。另外，MyBatis 使将输入的 Java 对象中的属性设置成查询参数和从 SQL 结果集上生成 Java 对象这两个过程自动化。MyBatis 还提供了其他的一些特性使持久化逻辑的实现变得简单：

(1) 支持复杂的 SQL 结果集数据映射到嵌套对象图结构；

(2) 支持一对一和一对多的结果集与 Java 对象的映射；

(3) 支持根据输入的数据构建动态的 SQL 语句。

2．易上手和易掌握

MyBatis 的使用难易度取决于你的 Java 和 SQL 方面的知识。如果开发人员很熟悉 Java 和 SQL，MyBatis 的入门将非常简单。

3．能很好地与传统数据库协同工作

有时我们可能需要用非传统的形式与传统数据库协同工作，如果使用成熟的 ORM 框架(如 Hibernate)有可能很难与传统数据库很好地协同工作，因为它们尝试将 Java 对象静态地映射到数据库的表上，而 MyBatis 是将查询的结果与 Java 对象映射起来，这使得 MyBatis 可以很好地与传统数据库协同工作。用户可以根据面向对象的模型创建 Java 域对象，执行传统数据库的查询，然后将结果映射到对应的 Java 对象上。

4．很好地接受 SQL 语句

成熟的 ORM 框架(如 Hibernate)鼓励使用实体对象(Entity Objects)和在其底层自动产生 SQL 语句。这种 SQL 的生成方式使我们可能无法利用到数据库的一些特性。Hibernate 允许执行本地 SQL，但是这样会打破持久层和数据库独立的原则。

MyBatis 框架接受 SQL 语句，而不是将其对开发人员隐藏起来。由于 MyBatis 不会产生任何 SQL 语句，所以开发人员要自己准备 SQL 语句，这样就可以充分利用数据库特有的特性并且可以准备自定义的查询。另外，MyBatis 也提供对存储过程的支持。

5. 提供与第三方缓存类库的集成支持

MyBatis 有内建的 sqlSession 级别的缓存机制，可缓存 select 语句的查询结果。除此之外，MyBatis 还提供与多种第三方缓存类库的集成支持，如 EHCache、OSCache、Hazelcast 等。

6. 引入了更好的性能

性能是关乎软件应用成功与否的关键因素之一。为了获得更好的性能，需要多方面考虑，而对很多应用而言，数据持久化层是整个系统性能的关键。

MyBatis 支持数据库连接池，消除了为每一个请求创建一个数据库连接的开销。

MyBatis 提供内建的缓存机制，在 sqlSession 级别提供对 SQL 查询结果的缓存。也就是说，如果你调用了相同的 select 查询，MyBatis 会将放在缓存的结果返回，而不会再去查询数据库。

MyBatis 框架并没有大量地使用代理机制，因此对于其他过度使用代理的 ORM 框架而言，MyBatis 可以获得更好的性能。

1.3　认识第一个 MyBatis 程序

在本节开始之前假设你的系统上已经安装了 JDK1.6+(下载网站为 http://www.java. com)和 MySQL5(下载网站为 http://www.mysql.com)。JDK 和 MySQL 的安装过程不在本书的叙述范围之内。

目前 MyBatis 的最新版本是 MyBatis 3.5.4，本书使用的就是该版本。

本书并不限定你使用什么类型的 IDE(如 Eclipse、NetBeans IDE 或者 IntelliJ IDEA IDE，它们通过提供自动完成、重构、调试特性，在很大程度上简化了开发)来编码。本书采用的 IDE 是 Eclipse。接下来我们将创建第一个 MyBatis 程序。

【例 1-1】 使用 MyBatis 开发一个简单的 Java 项目——对一张表(student)进行数据查询。

➢ 数据查询的具体步骤如下：

(1) 新建项目。

在 Eclipse 里创建一个 Java 项目，名为 mybatis-demo。

(2) 导入 jar 包。

进入 https://github.com/mybatis 或 http://code.google.com/p/mybatis 下载 MyBatis 的发布包 mybatis-3.5.4.zip。这个包包含了 mybatis-3.5.4.jar 文件和可选的依赖包，如 slf4j/log4j 日志 jar 包，将 mybatis-3.5.4.jar 包添加到项目的 classpath(如果是 Web 项目，可放在 Web-INF\lib 目录下)中。

进入 http://www.mysql.com/products/connector/下载 MySQL 的 Java 驱动包(如 mysql-connector-java-5.1.47.jar)并将其添加到项目 classpath 中。

如果项目正在使用 Maven，那么配置这些 jar 包的依赖就变得简单多了。在 pom.xml 中添加以下依赖即可：

```
<dependencies>
<!-- MyBatis 依赖 -->
<dependency>
<groupId>org.mybatis</groupId>
<artifactId>mybatis</artifactId>
<version>3.5.4</version>
</dependency>
<!-- mysql 的 java 驱动包依赖 -->
<dependency>
<groupId>mysql</groupId>
<artifactId>mysql-connector-java</artifactId>
<version>5.1.47</version>
</dependency>
</dependencies>
```

更多 Maven 的相关信息可参照后面章节或通过网站 http://maven.apache.org/ 进行学习。

(3) 在 MySQL 里新建表并插入样本数据。

使用 SQL 脚本生成 student 表，并且插入三条样本数据，脚本如下：

```
-- 建表
CREATE TABLE 'student' (
  'stuId' int(10) NOT NULL AUTO_INCREMENT,
  'stuName' varchar(50) DEFAULT NULL,
  PRIMARY KEY ('stuId')
) ENGINE = InnoDB AUTO_INCREMENT = 1 DEFAULT CHARSET = utf8;
-- 插入三条样本数据
INSERT INTO 'student' ('stuId', 'stuName') VALUES ('1', 'zhangsan');
INSERT INTO 'student' ('stuId', 'stuName') VALUES ('2', 'lisi');
INSERT INTO 'student' ('stuId', 'stuName') VALUES ('3', 'wangwu');
```

(4) 从 XML 映射 SQL 语句。

在 classpath(如果是 Web 项目，classpath 在 WEB-INF\classes 目录下)下 com.test.mapper 包里新建 StudentMapper.xml 文件，将 SQL 信息进行映射，其配置内容如下：

```
<?xml version = "1.0" encoding = "UTF-8"?>
<!DOCTYPE mapper
PUBLIC "-//mybatis.org//DTD Mapper 3.0//EN"
"http://mybatis.org/dtd/mybatis-3-mapper.dtd">
<mapper namespace = "com.test.mapper.StudentMapper">
<!-- sql查询语句映射 -->
```

```
<select id = "selectStudent" resultType = "hashmap">
SELECT * FROM student
</select>
</mapper>
```

这里的 com.test.mapper 是 StudentMapper.xml 所在的包名称。

(5) 从 XML 中创建 sqlSessionFactory 实例。

在 classpath 下新建 mybatis-config.xml 文件，在文件中配置 SqlSessionFactory 实例信息，其配置内容如下：

```
<?xml version = "1.0" encoding = "UTF-8"?>
<!DOCTYPE configuration
PUBLIC "-//mybatis.org//DTD Config 3.0//EN"
"http://mybatis.org/dtd/mybatis-3-config.dtd">
<configuration>
<environments default = "development">
<environment id = "development">
<transactionManager type = "JDBC"/>
<!-- 数据库基本信息 -->
<dataSource type = "POOLED">
<property name = "driver" value = "com.mysql.jdbc.Driver"/>
<property name = "url" value = "jdbc:mysql:///mydb?characterEncoding=utf8"/>
<property name = "username" value = "root"/>
<property name = "password" value = "root"/>
</dataSource>
</environment>
</environments>
<mappers>
<mapper resource = "com/test/mapper/StudentMapper.xml"/>
</mappers>
</configuration>
```

(6) 获取 sqlSession 并执行程序。

新建 Test.java 类，关键代码如下：

```
public class Test {
    public static void main(String[] args) {
        //类路径下配置文件名称
        String resource = "mybatis-config.xml";
        InputStream inputStream;
        SqlSession   sqlSession = null ;
```

```
        try {
            //配置文件加载
            inputStream = Resources.getResourceAsStream(resource);
            //根据配置文件生成SqlSessionFactory对象
            SqlSessionFactory sqlSessionFactory = new SqlSessionFactoryBuilder().build(inputStream);
            //sqlSession获取
            sqlSession = sqlSessionFactory.openSession();
            //执行查询请求
            List<Map> list = sqlSession.selectList("com.test.mapper.StudentMapper.selectStudent");
            //输出查询结果
            for(Map map:list)
            {
                System.out.println(map);
            }
        } catch (IOException e)
        {
            e.printStackTrace();
        }finally
        {
            sqlSession.close();
        }
    }
}
```

运行后其控制台输出结果如下：

```
{stuId = 1, stuName = zhangsan}
{stuId = 2, stuName = lisi}
{stuId = 3, stuName = wangwu}
```

(7) MyBatis 的工作机制。

MyBatis 的工作机制如图 1-2 所示。

➢ 数据查询的具体工作过程如下：

(1) 加载配置文件。

配置来源于两个地方，一处是配置文件(本例中将加载 mybatis-config.xml 和 SqlMapper.xml 配置文件)，一处是 Java 代码的映射器注解(后面章节会讲解)。将 SQL 的配置信息加载成为一个个 MappedStatement 对象(包括传入参数映射配置、执行的 SQL 语句和结果映射配置)，存储在内存中并接收调用请求。

(2) 调用 MyBatis 提供的 API。

传入参数：SQL 的 ID 和传入参数对象。

处理过程：将请求传递给下层的请求处理层进行处理。

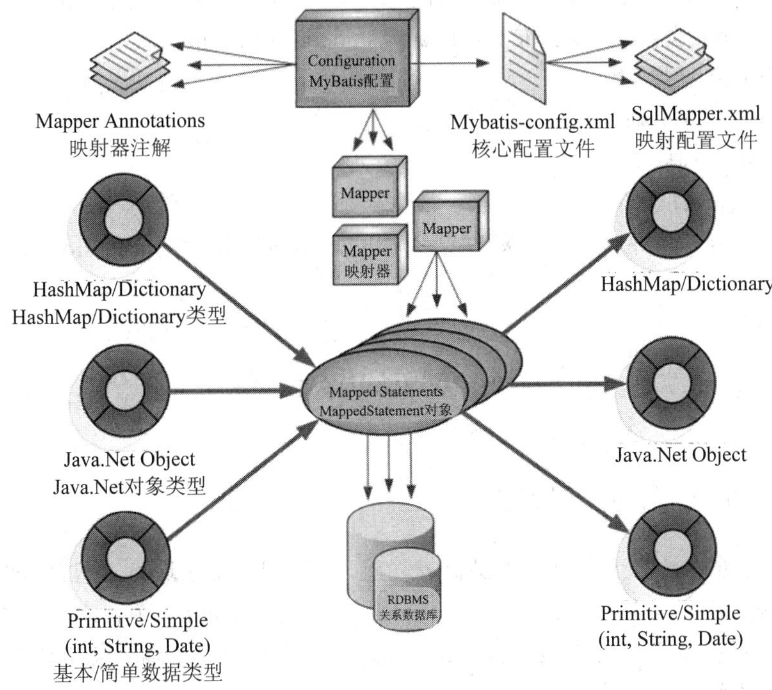

图 1-2　MyBatis 工作机制

本例中调用 MyBatis 提供的 API 为：

```
List<Map> list = sqlSession.selectList("com.test.mapper.StudentMapper.selectStudent");
```

传入的 SQL 的 ID 为 com.test.mapper.StudentMapper.selectStudent。

(3) 框架操作数据库。

传入参数：SQL 的 ID 和传入参数对象。

➢ 数据查询的处理过程如下：

(1) 根据 SQL 的 ID 查找对应的 MappedStatement 对象。

(2) 根据传入参数对象解析 MappedStatement 对象，得到最终要执行的 SQL 语句和执行传入参数。

(3) 获取数据库连接，根据得到的最终 SQL 语句和执行传入参数到数据库执行，并得到执行结果。

(4) 根据 MappedStatement 对象中的结果映射配置对得到的执行结果进行转换处理，并得到最终的处理结果。本例中返回的结果为集合 List 类型：

```
List<Map> list = sqlSession.selectList("com.test.mapper.StudentMapper.selectStudent");
```

其中 Map 是和 mapper 里的 resultType 相对应的：

```
<mapper namespace = "com.test.mapper.StudentMapper">
<select id = "selectStudent" resultType = "hashmap">
SELECT * FROM student
</select></mapper>
```

这里 Map 的 key、value 和 student 表的列名称 column 及列的值存在映射关系，student 表的列名称 column 会被映射成 Map 里的 key，student 表列的值会被映射成 Map 里的 value，本例查询输出 List 结果如下：

```
{stuId = 1, stuName = zhangsan}
{stuId = 2, stuName = lisi}
{stuId = 3, stuName = wangwu}
```

(5) 释放连接资源并将最终的处理结果返回。本例中调用 sqlSession.close()释放连接资源。

1.4 MyBatis 日志

1.4.1 MyBatis 日志的实现方式

MyBatis 内置的日志工厂可以提供日志功能，具体的日志实现方式包括：SLF4J、Apache Commons Logging、Log4J2、Log4J 和 JDK logging。具体选择哪个日志实现由 MyBatis 的内置日志工厂确定，它会使用最先找到的日志(按上面列举的日志实现方式的顺序查找)。如果一个都未找到，日志功能就会被禁用。

不少应用服务器的 classpath 中已经包含 Commons Logging，如 Tomcat 和 WebShpere，所以 MyBatis 会把它作为具体的日志实现。因此这点非常重要，这意味着，在诸如 WebSphere 的环境中，WebSphere 提供了 Commons Logging 的私有实现，你的 Log4J 配置将被忽略。事实上，因 Commons Logging 已经存在，按优先级 Log4J 自然就被忽略了！

不过，如果你的应用部署在一个包含 Commons Logging 的环境中，而你又想用其他的日志框架，则可以根据需要调用如下方法之一：

- org.apache.ibatis.logging.LogFactory.useSlf4jLogging();
- org.apache.ibatis.logging.LogFactory.useLog4JLogging();
- org.apache.ibatis.logging.LogFactory.useJdkLogging();
- org.apache.ibatis.logging.LogFactory.useCommonsLogging();
- org.apache.ibatis.logging.LogFactory.useStdOutLogging();

如果你的确需要调用以上某个方法，则在调用所有其他 MyBatis 方法前调用它。另外，只有在相应日志实现存在的前提下，调用对应的方法才是有意义的，否则 MyBatis 会一概忽略调用。如果你的环境中并不存在 Log4J，你却调用了相应的方法，MyBatis 就会忽略这一调用，会以默认的查找顺序查找日志实现。

例如，使用 Log4J 就需要在调用 MyBatis 方法前，先执行如下代码：

```
org.apache.ibatis.logging.LogFactory.useLog4JLogging();
```

上面只是一种解决办法，但是有些情况下你并不知道何时执行这个方法。

MyBatis 还提供了另外一种(推荐使用这种)解决方法，在 mybatis-config.xml 配置文件中执行如下代码：

```
<configuration>
```

```
<settings>
    <setting name = "logImpl" value = "LOG4J"/>
  </settings>
</configuration>
```

这里只写了关键的一部分配置信息，在你自己配置的基础上增加<setting name = "logImpl" value = "LOG4J"/>即可。这样一来 Log4J 的配置信息就会起作用，value 的取值是 SLF4J、LOG4J、LOG4J2、JDK_LOGGING、COMMONS_LOGGING、STDOUT_ LOGGING、NO_LOGGING 中的一个。

MyBatis 可以对包、类、命名空间和全限定的语句记录日志。

1.4.2　使用 Log4J 实现 MyBatis 日志的配置

【例 1-2】 在例 1-1 的基础上使用 Log4J 方式实现日志输出，具体步骤如下：

步骤 1：增加 Log4J 的 jar 包(如 log4j-1.2.17.jar)。

因为采用 Log4J，所以要确保在应用中对应的 jar 包是可用的。要满足这一点，只要将 jar 包添加到应用的 classpath 中即可。Log4J 的 jar 包可以通过链接 http://logging.apache.org/log4j/下载。

具体而言，对于 Web 应用，需要将 Log4J 的 jar 添加到 WEB-INF/lib 目录下；对于独立应用，可以将它添加到 JVM 的-classpath 启动参数中。

步骤 2：配置 Log4J。

配置 Log4J 比较简单，比如需要记录这个 mapper 命名空间的日志：

```
<mapper namespace = "com.test.mapper.StudentMapper">
<select id = "selectStudent" resultType = "hashmap">
SELECT * FROM student
</select></mapper>
```

只要在应用的 classpath 中创建一个名称为 log4j.properties 的文件即可，文件的具体内容如下：

```
log4j.rootLogger = ERROR, stdout
log4j.logger.com.test.mapper.StudentMapper = TRACE
log4j.appender.stdout = org.apache.log4j.ConsoleAppender
log4j.appender.stdout.layout = org.apache.log4j.PatternLayout
log4j.appender.stdout.layout.ConversionPattern = %5p [%t] - %m%n
```

添加以上配置后，Log4J 就会把 com.test.mapper.StudentMapper 的详细执行日志记录下来，对于应用中的其他类则仅仅记录错误信息。

也可以将日志从整个 mapper 命名空间级别调整到语句级别，从而实现更细粒度的控制。如下配置只记录 selectStudent 语句的日志：

```
log4j.logger.com.test.mapper.StudentMapper.selectStudent = TRACE
```

与此相对，可以对一组 mapper 命名空间记录日志，只要对 mapper 接口所在的命名空间开启日志功能即可：

```
log4j.logger.com.test.mapper.StudentMapper = TRACE
```

某些查询可能会返回大量的数据，只想记录其执行的 SQL 语句该怎么办？因 TRACE 级别会显示 SQL 与参数以及结果，DEBUG 只会显示 SQL 与参数，不显示结果，故我们只需将 MyBatis 里 SQL 语句的日志级别设为 DEBUG(JDKLogging 中为 FINE)：

```
log4j.logger.com.test.mapper.StudentMapper = DEBUG
```

本章小结

在本章中，我们首先讨论了 MyBatis 的优势，介绍了 MyBaits 访问数据库的优点；然后学习了怎样创建一个项目、安装 MyBatis jar 包依赖、创建 MyBatis 配置文件，以及在映射器 Mapper XML 文件中配置 SQL 映射语句；最后，学习了 MyBatis 的日志系统，以及使用 Log4J 实现 MyBatis 日志的配置。

本章涉及代码下载地址：https://github.com/bay-chen/ssm2/blob/master/code/mybatis01.rar。

练 习 题

一、选择题

1．在项目开发过程中，MyBatis 承担的责任是(　　)。

A．定义实体类　　B．数据的增删改查操作

C．业务逻辑的描述　　D．页面展示和控制转发

2．在 MyBatis 中(　　)对象负责数据库的连接、打开、关闭等。

A．sqlSession　　B．sqlSessionFactory

C．sqlConnection　　D．sqlConnectionFactory

3．下列关于 MyBatis 配置文件的说法中错误的是(　　)。

A．所有的标签都必须放在<configuration>标签下

B．配置的标签具有严格的顺序

C．只能配置一个<environment>节点

D．transactionManager 用于指定事务管理器类型

4．关于 MyBatis 的下列说法中错误的是(　　)。

A．MyBatis 本是 apache 的一个开源项目 iBatis

B．2010 年这个项目迁移到了谷歌，从 iBatis 更名为 MyBatis

C．MyBatis 是一个管理请求分发的框架

D．MyBatis 实现了 SQL 语句与代码分离

二、填空题

1．MyBatis 本是__________的一个开源项目，2010 年这个项目迁移到了 google code，并且改名为 MyBatis。2013 年 11 月迁移到 Github。

2．MyBatis 是支持普通___________________查询、____________和___________的优秀___________框架。

3．MyBatis 使用简单的___________________________或________________进行配置和原始映射，将接口和 Java 的 POJO 映射成数据库中的记录。

4. MyBatis 使将输入的 Java 对象中的________设置成查询参数和从 ___________上生成 Java 对象这两个过程自动化。

5．MyBatis 有内建的_________________________ 级别的缓存机制，用于缓存 select 语句查询出来的结果。除此之外，MyBatis 还提供了与多种第三方缓存类库的集成支持，如 EHCache、OSCache、Hazelcast。

三、问答题

1．MyBatis 的功能架构分为几层？每一层的作用是什么？

2．简述 MyBatis 的优势。

3．简述 MyBatis 的工作机制。

4．MyBatis 内置的日志工厂提供日志功能，具体的日志实现有哪些？

5．为什么说 MyBatis 是半自动 ORM 映射工具？它与全自动的区别在哪里？

6．简述使用 MyBatis 框架进行数据库编程的步骤。

四、实作题

1．搭建自己的第一个 MyBatis 应用。

2．使用 Log4J 实现 MyBatis 日志的配置。

第二章　配置 MyBatis

在配置 MyBatis 的时候，我们可以通过一个 XML(第一章中用 mybatis-config.xml)来配置，也可以嵌入到其他配置文件中，比如我们后面将要学习的 Spring 配置文件 applicationContext.xml。

本章知识要点

- 使用 XML 方式配置 MyBatis；
- 使用 Java API 方式配置 MyBatis。

2.1　基于 XML 方式配置 MyBatis

MyBatis 的 XML 配置文件包含了影响 MyBatis 行为甚深的设置和属性信息。MyBatis 应用程序主要使用 sqlSessionFactory 实例，一个 sqlSessionFactory 实例可以通过 sqlSessionFactoryBuilder 获得。sqlSessionFactoryBuilder 可以从一个 MyBatis-config.xml 配置文件或者一个预定义的配置类的实例获得。

MyBatis 配置文件中，在标签 configuration 下有多个子标签，其层次结构如下：

configuration
|--- properties(属性)
|--- settings(全局配置参数)
|--- typeAliases(类型别名)
|--- typeHandlers(类型处理器)
|--- environments(环境集合属性对象)
|--- |---environment(环境配置)
|--- |--- |--- transactionManager(事务管理)
|--- |--- |---dataSource(数据源)
|--- mappers(映射器)
|--- objectFactory(对象工厂)
|--- plugins(插件)

如下为一个典型的 mybatis-config.xml 中的内容：

```
<?xml version = "1.0" encoding = "UTF-8"?>
<!DOCTYPE configuration
PUBLIC "-//mybatis.org//DTD Config 3.0//EN"
"http://mybatis.org/dtd/mybatis-3-config.dtd">
```

```
<configuration>
    <!-- 属性 -->
    <properties resource = "jdbc.properties">
        <property name = "jdbc.username" value = "root" />
        <property name = "jdbc.password" value = "root" />
    </properties>
    <!-- 全局参数设置 -->
    <settings>
        <setting name = "cacheEnabled" value = "true" />
    </settings>
    <!-- 类型别名 -->
    <typeAliases>
        <typeAlias alias = "student" type = "com.test.domain.Student" />
        <package name = "com.test.domain" />
    </typeAliases>
    <typeHandlers>
        <!-- 使用package元素将扫描 com.test.type 包下的全部类型处理器 -->
        <!-- <package name = "com.test.type"/> -->
        <typeHandler handler = "com.test.type.LocalDateTypeHandler" />
        <typeHandler handler = "com.test.type.LocalTimeTypeHandler" />
    </typeHandlers>
    <environments default = "development">
    <!-- 环境1 -->
        <environment id = "development">
            <transactionManager type = "JDBC" />
    <!-- 数据库信息 -->
            <dataSource type = "POOLED">
                <property name = "driver" value = "${jdbc.driver}" />
                <property name = "url" value = "${jdbc.url}" />
                <property name = "username" value = "${jdbc.username}" />
                <property name = "password" value = "${jdbc.password}" />
            </dataSource>
        </environment>
    <!-- 环境2 -->
        <environment id = "release">
            <transactionManager type = "JDBC" />
    <!-- 数据库信息 -->
            <dataSource type = "POOLED">
                <property name = "driver" value = "com.mysql.jdbc.Driver" />
                <property name = "url" value = "jdbc:mysql://192.168.1.110:3306/mydb" />
```

```
                <property name = "username" value = "root" />
                <property name = "password" value = "root" />
            </dataSource>
        </environment>
    </environments>
    <!-- 映射器 -->
    <mappers>
        <mapper resource = "com/test/mapper/StudentMapper.xml" />
    </mappers>
</configuration>
```

2.1.1 属性 properties

属性配置元素可以将配置值具体化到一个属性文件中，并且使用属性文件的键名作为占位符。在上述的配置中，我们将数据库连接属性具体化到文件中，配置 properties 的 resource 指定资源文件名称 jdbc.properties，并且为 driver、url、username、password 属性使用了占位符。

在 jdbc.properties 文件中配置数据库连接参数，如下所示：

```
jdbc.driver = com.mysql.jdbc.Driver
jdbc.url = jdbc:mysql:///mydb?characterEncoding=utf8
jdbc.username = root
jdbc.password = root
```

在 mybatis-config.xml 文件中为属性使用 jdbc.properties 文件中定义的占位符：

```
<properties resource = "jdbc.properties">
<property name = "jdbc.username" value = "root" />
<property name = "jdbc.password" value = "root" />
</properties>
<dataSource type = "POOLED">
<property name = "driver" value = "${jdbc.driver}"/>
<property name = "url" value = "${jdbc.url}"/>
<property name = "username" value = "${jdbc.username}"/>
<property name = "password" value = "${jdbc.password}"/>
</dataSource>
```

并且，可以在<properties>元素中配置默认参数的值。如果<properties>中定义的元素和属性文件定义的元素的键名相同，则它们会被属性文件中定义的值覆盖：

```
<properties resource = "jdbc.properties">
<property name = "jdbc.username" value = "root" />
<property name = "jdbc.password" value = "root" />
</properties>
```

这里，如果 jdbc.properties 文件包含值 jdbc.username 和 jdbc.password，则上述定义的 username 和 password 的值 root 将会被 jdbc.properties 中定义的对应的 jdbc.username 和 jdbc.password 值覆盖。

2.1.2　全局参数设置 settings

MyBaits 框架运行设置一些全局配置参数(注意：设置全局参数会影响 MyBatis 框架的运行，应谨慎设置，比如开启二级缓存、开启延迟加载等内容)。配置方式如下：

```
<settings>
<setting name = "cacheEnabled" value = "true" />
<setting name = "lazyLoadingEnabled" value = "true" />
<setting name = "multipleResultSetsEnabled" value = "true" />
<setting name = "useColumnLabel" value = "true" />
<setting name = "useGeneratedKeys" value = "false" />
<setting name = "autoMappingBehavior" value = "PARTIAL" />
<setting name = "defaultExecutorType" value = "SIMPLE" />
<setting name = "defaultStatementTimeout" value = "25000" />
</settings>
```

常用全局参数设置内容及说明如表 2-1 所示。

表 2-1　MyBatis 的常用全局参数设置内容

设置参数名称	描　述	有效值	默认值
cacheEnabled	使全局的映射器启用或禁用缓存	true | false	true
lazyLoadingEnabled	全局启用或禁用延迟加载。当禁用时，所有关联对象都会即时加载	true | false	false
aggressiveLazyLoading	当启用时，有延迟加载属性的对象在被调用时将会完全加载任意属性。否则，每种属性将会按需要加载	true | false	true
multipleResultSetsEnabled	允许或不允许多种结果集从一个单独的语句中返回(需要适合的驱动)	true | false	true
useColumnLabel	使用列标签代替列名。不同的驱动在这方面表现不同。参考驱动文档或充分测试两种方法来决定所使用的驱动	true | false	true
useGeneratedKeys	允许 JDBC 支持生成的键，需要适合的驱动。如果设置为 true，则这个设置强制生成的键被使用，尽管一些驱动拒绝兼容但仍然有效(比如 Derby)	true | false	false

续表

设置参数名称	描　述	有效值	默认值
autoMappingBehavior	指定 MyBatis 如何自动映射列到字段属性。PARTIAL 只会自动映射简单、没有嵌套的结果。FULL 会自动映射任意复杂的结果(嵌套的或其他情况)	NONE | PARTIAL | FULL	PARTIAL
defaultExecutorType	配置默认的执行器。SIMPLE 执行器没有什么特别之处。REUSE 执行器重用预处理语句。BATCH 执行器重用语句和批量更新	SIMPLE| REUSE| BATCH	SIMPLE
defaultStatementTimeout	设置超时时间，它决定驱动等待一个数据库响应的时间	Any positive integer	NotSet (null)
safeRowBoundsEnabled	允许在嵌套语句中使用分页(RowBounds)	true | false	false
mapUnderscoreToCamelCase	是否开启自动驼峰命名规则(camel case)映射，即从经典数据库列名 A_COLUMN 到经典 Java 属性名 aColumn 的类似映射	true | false	false
localCacheScope	MyBatis 利用本地缓存机制(Local Cache)防止循环引用(circular references)和加速重复嵌套查询。默认值为 SESSION，这种情况下会缓存一个会话中执行的所有查询。 若设置值为 STATEMENT，本地会话仅用在语句执行上，对相同 sqlSession 的不同调用将不会共享数据	SESSION | STATEMENT	SESSION
jdbcTypeForNull	当没有为参数提供特定的 JDBC 类型时，为空值指定 JDBC 类型。某些驱动需要指定列的 JDBC 类型，多数情况直接用一般类型即可，比如 NULL、VARCHAR 或 OTHER	JdbcType enumeration.Most common are: NULL, VARCHAR and OTHER	OTHER
lazyLoadTriggerMethods	指定哪个对象的方法触发一次延迟加载	以逗号分隔的方法名	equals, clone, hashCode, toString

2.1.3 类型别名 typeAliases

类型别名是 Java 类型的简称，即 Java 对象的简称，它只是关联到 sqlMapper 配置，配置完该别名后 sqlMapper 中就不必写完整的 Java 对象名称了。在 sqlMapper 配置文件中，对于 resultType 和 parameterType 的属性值，我们需要使用 JavaBean 的完全限定名。对表

student 进行条件查询和更新的 sqlMapper 配置的代码如下：

```
<!-- 查询语句映射 -->
<select id = "selectStudentByStuId" parameterType = "int"
resultType = "com.test.domain.Student">
SELECT * FROM student WHERE stuid = #{stuid}
</select>
<!-- 更新语句映射 -->
<update id = "updateStudent" parameterType = "com.test.domain.Student">
UPDATE student SET stuname = #{stuname} WHERE stuid = #{stuid}
</update>
```

这里我们将 resultType 和 parameterType 属性值设置为 Student 类型的完全限定名 com.test.domain.Student，我们可以为完全限定名取一个别名(alias)，然后在需要使用完全限定名的地方使用别名，而不是到处使用完全限定名。为完全限定名起一个别名，代码如下：

```
<typeAliases>
<typeAlias alias = "student" type = "com.test.domain.Student" />
</typeAliases>
```

然后在 sqlMapper 映射文件中，如下所示代码使用 Student 的别名：

```
<!-- 返回类型别名student -->
<select id = "selectStudentByStuId" parameterType = "int"
resultType = "student">
SELECT * FROM student WHERE stuid = #{stuid}
</select>
<!-- 参数类型别名student -->
<update id = "updateStudent" parameterType = "student">
UPDATE student SET stuname = #{stuname} WHERE stuid = #{stuid}
</update>
```

如果 Student.java Bean 定义在 com.test.domain 包中，则 com.test.domain.student 的别名会被注册为 student，代码如下所示：

```
<typeAliases>
<package name = "com.test.domain" />
</typeAliases>
```

还有另外一种方式可为 JavaBeans 起别名，使用注解@Alias，代码如下所示：

```
@Alias("student")
public class Student
{
}
```

注意：@Alias 注解将会覆盖配置文件中的<typeAliases>定义。

除上面的自定义类型别名外，MyBatis 对 Java 的基本类型及其他特殊类型的别名也作了映射关系，如表 2-2 所示。

表 2-2　MyBatis 对 Java 类型的映射

映射别名	Java 的类型	映射别名	Java 的类型	映射别名	Java 的类型
_byte	byte	byte	Byte	decimal	BigDecimal
_long	long	long	Long	bigdecimal	BigDecimal
_short	short	short	Short	object	Object
_int	int	int	Integer	map	Map
_integer	int	integer	Integer	hashmap	HashMap
_double	double	double	Double	list	List
_float	float	float	Float	arraylist	ArrayList
_boolean	boolean	boolean	Boolean	collection	Collection
string	String	date	Date	iterator	Iterator

2.1.4　类型处理器 typeHandlers

我们知道 Java 有 Java 的数据类型，数据库有数据库的数据类型，那么我们在往数据库中插入数据的时候 MyBatis 是如何把 Java 类型当做数据库类型插入数据库中，再从数据库读取数据的时候又是如何把数据库类型当做 Java 类型来处理呢？这中间必然要经过一个类型转换。在 MyBatis 中我们可以定义一个叫做 typeHandler 类型处理器的东西，通过它可以实现 Java 类型跟数据库类型的相互转换。MyBatis 定义了一些默认处理器，可以用来设置参数或取结果集时实现自动转换，默认的类型处理器如表 2-3 所示。

表 2-3　默认的类型处理器

类型处理器	Java 类型	JDBC 类型
BooleanTypeHandler	Boolean，boolean	任何兼容的布尔值
ByteTypeHandler	Byte，byte	任何兼容的数字或字节类型
ShortTypeHandler	Short，short	任何兼容的数字或短整型
IntegerTypeHandler	Integer，int	任何兼容的数字和整型
LongTypeHandler	Long，long	任何兼容的数字或长整型
FloatTypeHandler	Float，float	任何兼容的数字或单精度浮点型
DoubleTypeHandler	Double，double	任何兼容的数字或双精度浮点型
BigDecimalTypeHandler	BigDecimal	任何兼容的数字或十进制小数类型
StringTypeHandler	String	CHAR 和 VARCHAR 类型
ClobTypeHandler	String	CLOB 和 LONGVARCHAR 类型
NStringTypeHandler	String	NVARCHAR 和 NCHAR 类型
NClobTypeHandler	String	NCLOB 类型
ByteArrayTypeHandler	byte[]	任何兼容的字节流类型
BlobTypeHandler	byte[]	BLOB 和 LONGVARBINARY 类型

续表

类型处理器	Java 类型	JDBC 类型
DateTypeHandler	Date(java.util)	TIMESTAMP 类型
DateOnlyTypeHandler	Date(java.util)	DATE 类型
TimeOnlyTypeHandler	Date(java.util)	TIME 类型
SqlTimestampTypeHandler	Timestamp(java.sql)	TIMESTAMP 类型
SqlDateTypeHandler	Date(java.sql)	DATE 类型
SqlTimeTypeHandler	Time(java.sql)	TIME 类型
ObjectTypeHandler	Any	其他或未指定类型
EnumTypeHandler	Enumeration 类型	VARCHAR-任何兼容的字符串类型，作为代码存储(而不是索引)

但有些类型 MyBatis 是不支持的，就只能自定义类型处理器来处理相应的类型。

【例 2-1】 自定义处理器。

假设表 student 有 createDate、createTime 字段，createDate 类型为 date，createTime 类型为 time，而 JavaBean Student 有一个 LocalDate createDate 的定义，现在我们将对 LocalDate 和 LocalTime 类型自定义处理器，步骤如下：

(1) student 建表语句。

代码如下：

```
CREATE TABLE `student` (
    'stuId' int(10) NOT NULL AUTO_INCREMENT,
    'stuName' varchar(50) DEFAULT NULL,
    'createDate' date,
    'createTime' time,
        PRIMARY KEY (`stuId`)
) ENGINE = InnoDB AUTO_INCREMENT = 1 DEFAULT CHARSET = utf8;
```

(2) Student.java 实体类定义。

关键代码如下：

```
public class Student {
    private String stuname;
    private int stuid;
    private LocalDate createDate;
    private LocalTime createTime;
    public Student() {
    }
    //这里省略了所有属性的 getter 和 setter 方法
}
```

(3) 新建类型处理器。

新建类型处理器有两种做法：实现 org.apache.ibatis.type.TypeHandler 接口，或继承 org.apache.ibatis.type. BaseTypeHandler 类，下面将新建两个类型处理器，分别用这两种方式来实现。

① 支持 java.time.LocalTime 类型的类型处理器 LocalTimeTypeHandler.java，采用的是实现接口的方式。主要代码如下：

```
@MappedTypes(LocalTime.class)
//实现TypeHandler接口
public class LocalTimeTypeHandler implements TypeHandler<LocalTime>{
   @Override
   public void setParameter(PreparedStatement ps, int i, LocalTime parameter, JdbcType jdbcType) throws
SQLException {
        if(parameter == null)
        {
            ps.setTime(i, null);
        }
        else
        {
            ps.setTime(i, Time.valueOf(parameter));
        }
   }
      @Override
      public LocalTime getResult(ResultSet rs, String columnName) throws SQLException {
          Time time = rs.getTime(columnName);
          return time == null ? null : time.toLocalTime();
   }
   @Override
   public LocalTime getResult(ResultSet rs, int columnIndex) throws SQLException {
       Time time = rs.getTime(columnIndex);
       return time == null ? null : time.toLocalTime();
   }
   @Override
   public LocalTime getResult(CallableStatement cs, int columnIndex) throws SQLException {
       Time time = cs.getTime(columnIndex);
       return time == null ? null : cs.getTime(columnIndex).toLocalTime();
   }
}
```

② 支持 java.time.LocalDate 类型的类型处理器 LocalDateTypeHandler.java，采用的是继

承类的方式。主要代码如下：

```
@MappedTypes(LocalDate.class)
public class LocalDateTypeHandler extends BaseTypeHandler<LocalDate> {
    @Override
    public void setNonNullParameter(PreparedStatement ps, int i, LocalDate parameter, JdbcType jdbcType)
throws SQLException {
        ps.setDate(i, Date.valueOf(parameter));
    }
    @Override
    public LocalDate getNullableResult(ResultSet rs, String columnName) throws SQLException {
        Date date = rs.getDate(columnName);
        if (date == null)
        {
            return null;
        }
        else
        {
            return date.toLocalDate();
        }
    }
    @Override
    public LocalDate getNullableResult(ResultSet rs, int columnIndex) throws SQLException
    {
        Date date = rs.getDate(columnIndex);
        if (date == null)
        {
            return null;
        }
        else
        {
            return date.toLocalDate();
        }
    }
    @Override
    public LocalDate getNullableResult(CallableStatement cs, int columnIndex) throws SQLException {
        Date date = cs.getDate(columnIndex);
        if (date == null)
        {
            return null;
```

```
        }
        else
        {
            return date.toLocalDate();
        }
    }
}
```

注意：不管是实现的方式还是继承的方式，在设置参数或获取结果集时，都应该考虑空值的情况，否则在空值上调用方法将会抛出异常。

(4) 在 mybatis-config.xml 配置文件中注册新建的类型处理器。

代码如下：

```
<typeHandlers>
    <typeHandler handler = "com.test.type.LocalDateTypeHandler"/>
    <typeHandler handler = "com.test.type.LocalTimeTypeHandler"/>
</typeHandlers>
```

或使用批量注册方式。代码如下：

```
<typeHandlers>
<!-- 使用package元素将扫描 com.test.type 包下的全部类型处理器 -->
        <package name = "com.test.type"/>
 </typeHandlers>
```

注册完成后就可以直接存取数据库里的值并自动转换成相应的类型了。Java 程序向数据库写入 LocalDate 和 LocalTime 类型时，处理器自动将其类型转换成数据库对应的 Date 类型和 Time 类型，Java 程序读取数据库 Date 类型和 Time 类型数据时，处理器自动将其类型转换成 Java 所对应的 LocalDate 和 LocalTime 类型。

2.1.5　环境集合属性对象 environments

假如我们系统的开发环境和正式环境所用的数据库不一样(这是肯定的)，那么可以设置两个 environment，两个 id 分别对应开发环境(development)和正式环境(release)，通过配置 environments 的 default 属性就能选择对应的 environment。例如，将 environments 的 deault 属性的值配置为 development，那么系统就会选择 development 的 environment。代码如下：

```
<environments default = "development">
<environment id = "development">
<transactionManager type = "JDBC"/>
<dataSource type = "POOLED">
<property name = "driver" value = "${jdbc.driver}"/>
<property name = "url" value = "${jdbc.url}"/>
```

```
<property name = "username" value = "${jdbc.username}"/>
<property name = "password" value = "${jdbc.password}"/>
</dataSource>
</environment>
<environment id = "release">
<transactionManager type = "JDBC"/>
<dataSource type = "POOLED">
<property name = "driver" value = "com.mysql.jdbc.Driver"/>
<property name = "url" value = "jdbc:mysql://192.168.1.110:3306/mydb"/>
<property name = "username" value = "root"/>
<property name = "password" value = "root"/>
</dataSource>
</environment>
</environments>
```

从上面的配置中可以看到environments下还有environment、dataSource、transactionManager等三个配置标签，下面将对这三个配置标签分别加以介绍。

1．环境配置 environment

每个环境集合属性对象 environments 下可以配置多个环境 environment 标签，每个 sqlSessionFactory 实例只能选择其中一个；如果想连接两个数据库，就需要创建两个 sqlSessionFactory 实例，每个数据库对应一个；而如果是三个数据库，就需要三个实例，以此类推。environment 通过 ID 属性与其他数据库环境相区别。

2．数据源 dataSource

dataSource 元素使用标准的 JDBC 数据源接口来配置 JDBC 连接对象的资源。

三种内建的数据源类型：

type = [UNPOOLED | POOLED | JNDI]

UNPOOLED：这个数据源的实现只是每次请求时打开和关闭连接。虽然有一点慢，但对在及时和可用连接方面没有性能要求的简单应用程序是一个很好的选择，不同的数据库在这方面的表现也是不一样的，所以对某些数据库来说使用连接池并不重要，这个配置也是理想的。

UNPOOLED 类型的数据源仅仅需要配置以下 5 种属性：

driver：JDBC 驱动的 Java 类的完全限定名；

url：数据库的 JDBC URL 地址；

userName：登录数据库的用户名；

password：登录数据库的密码；

dedaultTransactionIsolationLevel：默认的连接事务隔离级别。

作为可选项，你也可以传递属性给数据库驱动，这时属性的前缀为“driver.”，例如：driver.encoding = UTF8 将通过 DriverManager.getConnection(url, driverProperties)方法传递值

为 UTF8 的 encoding 属性给数据库驱动。

POOLED：这种数据源的实现利用“池”的概念将 JDBC 连接对象组织起来，避免了创建新的连接实例时所必需的初始化和认证时间。这是一种使得并发 Web 应用快速响应请求的流行的处理方式。

除了上述提到的 UNPOOLED 下的属性外，还有以下属性可用来配置 POOLED 的数据源：

poolMaximumActiveConnections：在任意时间可以存在的活动(正在使用的)连接数量，默认值为 10。

poolMaximumIdleConnections：任意时间可能存在的空闲连接数。

poolMaximumCheckoutTime：在被强制返回之前，池中连接被再次检出来使用的时间，默认值为 2 万毫秒，即 20 s。

poolTimeToWait：这是一个底层设置，如果获取连接需花费相当长的时间，它会给连接池打印状态日志并重新尝试获取一个连接(避免在误配置的情况下一直安静地失败)，默认值为 2 万毫秒，即 20 s。

PoolPingQuery：发送到数据库的侦测查询，用来检验连接是否处在正常工作秩序中并准备接受请求。默认是“NO PING QUERY SET”，这一设置会使数据库驱动失败时带有一个恰当的错误消息。

PoolPingConnectionsNotUsedFor：配置 poolPingQuery 的使用频度。这可以被设置成匹配具体的数据库连接超时时间，以避免不必要的侦测，默认值为 0 (即所有连接每一时刻都被侦测——仅当 poolPingEnabled 为 true 时适用)。

JDNI：这个数据源的实现是为了能在如 EJB 或应用服务器这类容器中使用，容器可以集中在外部配置数据源，然后放置一个 JDNI 上下文的引用。这种数据源只需要两个属性。initial_context 这个属性用来在 InitailContext 中寻找上下文(即 initialContext.lookup (initial_context))，这是个可选属性，如果忽略，那么 data_source 属性将会直接从 InitialContex 中寻找。

data_source：引用数据源实例位置的上下文的路径。提供了 initial_context 配置时会在其返回的上下文中进行查找，没有提供则直接在 InitialContext 中查找。

和其他数据源配置类似，可以通过添加前缀“env.”直接把属性传递给初始上下文。比如：

env.encoding = UTF8

这就是在初始上下文(InitialContext)实例化时向它的构造方法传递值为 UTF8 的 encoding 属性。

数据源配置代码如下：

```
<dataSource type = "POOLED">
<property name = "driver" value = "com.mysql.jdbc.Driver"/>
<property name = "url" value = "jdbc:mysql://192.168.1.110:3306/mydb"/>
<property name = "username" value = "root"/>
<property name = "password" value = "root"/>
```

```
</dataSource>
```

3．事务管理 transactionManager

在 MyBatis 中有两种事务管理器类型(也就是 type = “[JDBC|MANAGED]”)。

JDBC：直接使用了 JDBC 的提交和回滚设置。它依赖于从数据源得到的连接来管理事务范围。

MANAGED：几乎未做什么。它从来不提交或回滚一个连接，而会让容器来管理事务的整个生命周期(比如 Spring 或 JEE 应用服务器的上下文)，默认情况下它会关闭连接。然而一些容器并不希望这样，因此如果需要从连接中停止它，直接将 closeConnection 属性设置为 false 即可。代码如下：

```
<transactionManager type = "MANAGED">
  <property name = "closeConnection" value = "false"/>
</transactionManager>
```

2.1.6　映射器 mappers

上面定义了 MyBatis 的行为的配置元素，下面我们来定义 SQL 映射语句。首先我们需要告诉 MyBatis 到哪里去找到这些语句或资源。Java 在自动查找这方面没有提供一个很好的方法，所以最佳的方式是告诉 MyBatis 到哪里去找映射文件。你可以使用相对于类路径的资源引用，或完全限定资源定位符(包括 file:///的 URL)，或类名和包名等。这些配置会告诉 MyBatis 去哪里寻找映射文件，剩下的细节就应该是每个 SQL 映射文件了。通过 <mappers>可以用以下四种方式导入 SQL 映射语句：

(1) 通过类路径的相对位置导入 xml 方式的映射文件。配置代码如下：

```
<mappers>
   <mapper resource = "com/test/mapper/BlogMapper.xml"/>
   <mapper resource = "com/test/mapper/StudentMapper.xml"/>
</mappers>
```

(2) 通过文件系统路径或者 WEB URL 地址导入 xml 方式的映射文件。配置代码如下：

```
<mappers>
   <mapper url = "file:///var/com/test/mapper/BlogMapper.xml"/>
   <mapper url = "file:///var/com/test/mapper/StudentMapper.xml"/>
</mappers>
```

(3) 通过后面我们将要讲解的映射接口类的方式导入映射类。配置代码如下：

```
<mappers>
   <mapper class = "com.test.mapper.AuthorMapper"/>
   <mapper class = "com.test.mapper.StudentMapper"/>
</mappers
```

(4) 批量注册指定包下面所有接口映射类。配置代码如下：

```
<mappers>
```

```
    <package name = "com.test.mapper"/>
</mappers>
```

2.1.7 对象工厂 objectFactory

MyBatis 每次创建结果对象的新实例时，都会使用一个对象工厂(objectFactory)实例来完成。默认的对象工厂需要做的仅仅是实例化目标类，要么通过默认构造方法，要么在参数映射存在的时候通过参数构造方法来实例化。默认情况下，我们不需要配置，MyBatis 会调用默认实现的 objectFactory。除非需要自定义 objectFactory 的实现，那么才需要去手动配置。自定义 objectFactory 只需要去继承 DefaultObjectFactory(是 objectFactory 接口的实现类)并重写其方法即可。这个类用于负责创建对象实体类。从这个类的外部看，其主要作用就是根据一个类的类型得到该类的一个实体对象，比如，我们给它一个 Tiger 的 type，它将会给我们一个 Tiger 的实体对象，我们给它一个 java.lang.List 类型，它将会给我们一个 List 的实体对象。

下面是工厂的实现类从 DefaultObjectFactory 变成了我们自己实现的 ExampleObject Factory，其简单实现的主要代码如下：

```
public class ExampleObjectFactory extends DefaultObjectFactory {
    public Object create(Class type)
    {
        if (type.equals(Tiger.class))
        {
            Tiger obj = (Tiger) super.create(type);
            obj.setAge(1000);
            obj.setName("test baynight chen");
            return obj;
        }
        return super.create(type);
    }
    public void setProperties(Properties properties)
    {
        Iterator iterator = properties.keySet().iterator();
        while (iterator.hasNext())
        {
            String keyValue = String.valueOf(iterator.next());
            System.out.println(properties.getProperty(keyValue));
        }
        super.setProperties(properties);
    }
    public <T> boolean isCollection(Class<T> type)
```

```
    {
        return Collection.class.isAssignableFrom(type);
    }
}
```

通过上面代码我们定义了 objectFactory 后，接下来在 mybatis-config.xml 里进行配置，配置代码如下：

```
<objectFactory type = "com.test.factory.ExampleObjectFactory">
    <property name = "someProperty1" value = "1000" />
    <property name = "someProperty2" value = "2000" />
</objectFactory>
```

objectFactory 里几个方法的作用：

Create(Type，type)通过接受一个 type 类型，得到该对象的一个实例，调用的是对象的无参构造函数，内部实现使用 Java 的反射，或者是使用了 CGLIB 抑或 Java 的 ASSIST。

setProperties(Properties properties)方法对在节点中配置的 property 内容进行了加载，可以通过传入的属性文件内容影响程序逻辑，这个与容器对 web.xml 的解析的原理是差不多的，也就是 XML 解析形成对象，然后以参数的方式传递到方法中。

isCollection()方法里通过 Collection.class.isAssignableFrom(type)方式判断要生成的这个对象是不是集合对象，我们应该记住这种判断方式。

2.1.8 插件 plugins

plugins 是一个可选配置。MyBatis 中的 plugin 其实就是个 interceptor，它可以拦截 executor、parameterHandler、resultSetHandler、statementHandler 的部分方法，处理我们自己的逻辑。executor 就是真正执行 SQL 语句的，parameterHandler 是处理我们传入的参数的，在前面讲 typeHandler 时已提到过，MyBatis 默认帮我们实现了不少的 typeHandler，当我们不显示配置 typeHandler 时，MyBatis 会根据参数类型自动选择合适的 typeHandler 执行，其中选择 typeHandler 的工作主要是 ParameterHandler 在做，结果的返回主要是由 resultSetHandler 进行处理。

要自定义一个 plugin，需要去实现 Interceptor 接口。每一个 Interceptor 拦截器都必须实现下面的三个方法：

(1) Object intercept(Invocation invocation)是实现拦截逻辑的地方，内部要通过 invocation. proceed()显式地推进责任链前进，也就是调用下一个拦截器拦截目标方法。

(2) Object plugin(Object target) 就是用当前这个拦截器生成对目标 target 的代理，实际是通过 Plugin.wrap(target, this) 来完成的，把目标 target 和拦截器 this 传给了包装函数。

(3) setProperties(Properties properties)用于设置额外的参数，参数配置在拦截器的 Properties 节点里。

插件写好后也需要在配置文件里进行配置，配置代码如下：

```
<plugins>
```

```
    <plugin interceptor = "com.test.plugin.ExamplePlugin">
      <property name = "someProperty" value = "100"/>
    </plugin>
</plugins>
```

2.2 基于 Java API 方式配置 MyBatis

上一节中，我们已经讨论了各种 MyBatis 配置元素，如 environments、typeAlias 和 typeHandlers，以及如何使用 XML 配置它们。如果你想使用基于 Java API 的 MyBatis 配置，它可以帮你对这些配置元素有更好的理解。在本节中，我们会引用到上一节中描述的一些类。

MyBatis 的 sqlSessionFactory 接口除了使用基于 XML 的配置创建外也可以通过 Java API 编程式地创建。每个在 XML 中配置的元素，都可以编程式地创建。

使用 Java API 创建 sqlSessionFactory，主要代码如下：

```
public static SqlSessionFactory getSqlSessionFactory()
{
    SqlSessionFactory sqlSessionFactory = null;
    try {
        String driver = "com.mysql.jdbc.Driver";
        String url = "jdbc:mysql://localhost:3306/mybatisdemo";
        String username = "root";
        String password = "root";
        DataSource dataSource = new PooledDataSource(driver, url, username, password);
        TransactionFactory transactionFactory = new JdbcTransactionFactory();
        Environment environment = new Environment("development", transactionFactory, dataSource);
        Configuration configuration = new Configuration(environment);
        configuration.getTypeAliasRegistry().registerAlias("student", Student.class);
        configuration.addMapper(StudentMapper.class);
        sqlSessionFactory = new SqlSessionFactoryBuilder().build(configuration);
    }
    catch (Exception e)
    {
        throw new RuntimeException(e);
    }
    return sqlSessionFactory;
}
```

2.2.1　环境配置 Environment

我们需要为使用 MyBatis 连接的每一个数据库创建一个 Enviroment 对象。为了能够使用每一个环境，我们需要为每一个环境 Environment 创建一个 sqlSessionFactory 对象。而创建 Environment 对象，我们需要 java.sql.DataSource 和 TransactionFactory 实例。下面来介绍如何创建 DataSource 和 TransactionFactory 对象。

1．数据源(DataSource)

MyBatis 支持三种内建的 DataSource 类型：UNPOOLED、POOLED 和 JNDI。

UNPOOLED 类型的数据源 dataSource 为每一个用户请求创建一个数据库连接。但在多用户并发应用中，不建议使用。

POOLED 类型的数据源 dataSource 创建了一个数据库连接池，对用户的每一个请求，会使用连接池中的一个可用的 Connection 对象，这样可以提高应用的性能。MyBatis 提供了用 org.apache.ibatis.datasource.pooled.PooledDataSource 实现 javax.sql.DataSource 来创建连接池。

JNDI 类型的数据源 dataSource 使用了应用服务器的数据库连接池，并且使用 JNDI 查找来获取数据库连接。

下面我们来看怎样通过 MyBatis 的 PooledDataSource 获得 DataSource 对象，主要代码如下：

```
public class DataSourceFactory{
    public static DataSource getDataSource(){
        String driver = "com.mysql.jdbc.Driver";
        String url = "jdbc:mysql://localhost:3306/mybatisdemo";
        String username = "root";
        String password = "root";
        PooledDataSource dataSource = new PooledDataSource(driver, url, username, password);
        return dataSource;
    }
}
```

一般在生产环境中，DataSource 会被应用服务器配置，并通过 JNDI 获取 DataSource 对象，主要代码如下：

```
public class DataSourceFactory
{
    public static DataSource getDataSource()
    {
        String jndiName = "java:comp/env/jdbc/MyBatisDS";
        try
        {
            InitialContext ctx = new InitialContext();
            DataSource dataSource = (DataSource) ctx.lookup(jndiName);
```

```
            return dataSource;
        }
        catch (NamingException e)
        {
            throw new RuntimeException(e);
        }
    }
}
```

2．事务工厂 TransactionFactory

当你将 TransactionManager 属性设置成 JDBC 时，MyBatis 内部将使用 JdbcTransactionFactory 类创建 TransactionManager，代码如下：

```
DataSource dataSource = DataSourceFactory.getDataSource();
TransactionFactory txnFactory = new JdbcTransactionFactory();
```

当你将 TransactionManager 属性设置成 MANAGED 时，MyBatis 内部将使用 ManagedTransactionFactory 类创建事务管理器 TransactionManager，代码如下所示：

```
DataSource dataSource = DataSourceFactory.getDataSource();
TransactionFactory txnFactory = new ManagedTransactionFactory();
```

最后，Enviroment 对象的创建依赖于上面创建的数据源和事务工厂，代码如下所示：

```
Environment environment = new Environment("development", txnFactory, dataSource);
```

2.2.2 类型别名 typeAliases

MyBatis 提供以下几种通过 Configuration 对象注册类型别名的方法：

(1) 根据默认的别名规则，使用一个类的首字母小写、非完全限定的类名作为别名注册，可使用以下代码：

```
configuration.getTypeAliasRegistry().registerAlias(Student.class);
```

(2) 指定别名注册，可使用如下代码：

```
configuration.getTypeAliasRegistry().registerAlias("Student", Student.class);
```

(3) 通过类的完全限定名注册相应类别名，可使用如下代码：

```
configuration.getTypeAliasRegistry().registerAlias("Student", "com.test.domain.Student");
```

(4) 为某一个包中的所有类注册别名，可使用如下代码：

```
configuration.getTypeAliasRegistry().registerAliases("com.test.domain");
```

(5) 为在 com.test.domain package 包中所有的继承自 Identifiable 类型的类注册别名，可使用如下代码：

```
configuration.getTypeAliasRegistry().registerAliases("com.test.domain", Identifiable.class);
```

2.2.3　类型处理器 typeHandlers

MyBatis 提供了一系列使用 Configuration 对象注册类型处理器(typehandler)的方法。我们可以通过以下方式注册自定义的类处理器：

(1) 为某个特定的类注册类处理器，代码如下所示：

```
configuration.getTypeHandlerRegistry().register(MyDate.class, DateTypeHandler.class);
```

(2) 注册一个类处理器，代码如下所示：

```
configuration.getTypeHandlerRegistry().register(MyDateTypeHandler.class);
```

(3) 注册 com.test.typehandlers 包中的所有类型处理器，代码如下所示：

```
configuration.getTypeHandlerRegistry().register("com.test.typehandlers");
```

2.2.4　全局参数设置 Settings

MyBatis 提供了一组默认的、能够很好地适用于大部分应用的全局参数设置。实际应用中可以稍微调整这些参数，让它更好地满足应用的需要。可以使用下列方法将全局参数设置成想要的值，代码如下所示：

```
configuration.setCacheEnabled(true);
configuration.setLazyLoadingEnabled(false);
configuration.setMultipleResultSetsEnabled(true);
configuration.setUseColumnLabel(true);
configuration.setUseGeneratedKeys(false);
configuration.setAutoMappingBehavior(AutoMappingBehavior.PARTIAL);
configuration.setDefaultExecutorType(ExecutorType.SIMPLE);
configuration.setDefaultStatementTimeout(25);
configuration.setSafeRowBoundsEnabled(false);
configuration.setMapUnderscoreToCamelCase(false);
configuration.setLocalCacheScope(LocalCacheScope.SESSION);
configuration.setAggressiveLazyLoading(true);
configuration.setJdbcTypeForNull(JdbcType.OTHER);
lazyLoadTriggerMethods.add("equals");
lazyLoadTriggerMethods.add("clone");
lazyLoadTriggerMethods.add("hashCode");
lazyLoadTriggerMethods.add("toString");
Set<String> lazyLoadTriggerMethods = new HashSet<String>();
configuration.setLazyLoadTriggerMethods(lazyLoadTriggerMethods );
```

2.2.5　映射器 mappers

MyBatis 提供了一些使用 Configuration 对象注册 mapper XML 文件和 mappe 接口的方

法，如下所述：

(1) 添加一个 mapper 接口，可使用以下代码：

```
configuration.addMapper(StudentMapper.class);
```

(2) 添加 com.test.mapper 包中的所有 mapper XML 文件或者 mapper 接口，可使用以下代码：

```
configuration.addMappers("com.test.mapper");
```

(3) 添加所有 com.test.mapper 包中的拓展了特定 mapper 接口的 mapper 接口，如 BaseMapper，可使用以下代码：

```
configuration.addMappers("com.test.mapper", BaseMapper.class);
```

注意：mappers 应该在 typeAliases 和 typeHandler 注册后再添加到 configuration 中。

本 章 小 结

本章我们学习了怎样使用 XML 方式和基于 Java API 方式配置 MyBatis。在介绍 XML 方式引导 MyBatis 时，我们学习了 properties 属性、settings 全局参数、typeAliases 类型别名、typeHandlers 类型处理器、environments 环境集合属性对象、mappers 映射器、objectFactory 对象工厂和 plugins 插件的 XML 配置使用方式，在介绍 Java API 方式引导 MyBatis 时，我们学习了 environment 环境配置、typeAliases 类型别名、typeHandlers 类型处理器、settings 全局参数和 mappers 映射器通过 Java API 的使用方式。

本章节涉及代码下载地址：https://github.com/bay-chen/ssm2/blob/master/code/mybatis02.rar。

练 习 题

一、选择题

1. 关于 MyBatis 的动态标签 trim 的说法错误的是(　　)。

A．去掉包含元素的空格　　B．在包含的元素前后加上指定字符

C．拥有 prefix 属性　　D．拥有 suffix 属性

2. 针对下列关于 MyBatis 配置文件的两种说法正确的选择是(　　)。

(1) 所有的标签都必须放在<configuration>标签下。

(2) 配置的标签具有严格的顺序。

A．都正确　　B．只有(1)正确

C．只有(2)正确　　D．都不正确

二、填空题

1. 属性 properties 配置元素可以将配置值具体化到一个__________中，并且使用属性文件的 name 名作为占位符。

2．你可以在<properties>元素中配置默认参数的值。如果<properties>中定义的元素和属性文件定义元素的____________________值相同，它们会被属性文件中定义的值覆盖。

3．全局参数会影响 MyBatis 框架运行，需谨慎设置，比如：____________________是配置使全局的映射器启用或禁用缓存。

4．全局启用或禁用延迟加载是使用____________________________________设置。

5．使用_____________________________设置，有延迟加载属性的对象在被调用时将会完全加载任意属性；否则，每种属性将会按需要加载。

6．MyBatis 使用____________________来定义类型别名。

7．使用_____________________________注解定义类型别名将会覆盖配置文件中的<typeAliases>定义。

8．MyBatis 对 Java 的基本类型及其他特殊类型的别名也作了映射关系，映射别名__________________和____________________分别对应着 Java 的类型 String 和 int。

9．MyBatis 使用___________________________________进行类型处理器定义。

10．environment 标签对应着每一个环境的配置，每个环境集合属性对象________下可以配置多个环境 environment 标签。

11．我们系统的开发环境和正式环境所用的数据库不一样(这是肯定的)，那么可以设置两个 environment，两个_________________________分别对应开发环境(development)和正式环境(release)。

12．dataSource 元素使用标准的_____________________数据源接口来配置 JDBC 连接对象的资源。

13．dataSource 元素三种内建的数据源类型分别是_____________、________________、_________________。

14．在 MyBatis 中有两种事务管理器类型，分别是_____________________________、______________________________。

15．MyBatis 全局配置文件中，使用__________________________告诉 MyBatis 到哪里去找映射文件。

16．MyBatis 每次创建结果对象的新实例时，它都会使用一个_______________实例来完成。

17．默认的对象工厂需要做的仅仅是实例化目标类，要么通过_______________方法，要么在参数映射存在的时候通过_________________方法来实例化。

三、问答题

1．简述<mappers>导入映射的四种方式。

2．简述 API 方式配置映射器 mappers 的方式。

3．MyBatis 中的 association 标签和 collection 标签的作用是什么？有什么区别？

第三章　映射器(Mapper)

MyBatis 真正强大之处就在它的映射语句上。如果比较 SQL 映射配置与 JDBC 代码，可以发现，使用 SQL 映射配置可以节省很大的代码量。MyBatis 映射配置主要被用来创建 SQL 语句，但又给自己的实现预留了极大的空间。在代码里直接嵌套 SQL 语句是很差的编码实践，并且维护起来也比较困难。MyBaits 使用了映射器配置文件或注解来配置 SQL 语句，使 SQL 语句和代码分离，极大地提高了代码的后期可维护性。

本章知识要点

- SQL 映射配置文件和 SQL 映射接口；
- SQL 映射；
- SQL 高级映射；
- 动态 SQL；
- 注解配置 SQL 映射器。

3.1　SQL 映射配置文件和 SQL 映射接口

在前两章中我们已经用过一些在映射文件中配置基本的 SQL 映射语句，以及传入条件和返回结果，最后使用 sqlSession 对象调用它们的例子，其相关的代码片段如下：

- Student 表结构及样本数据：

```
CREATE TABLE 'student' (
   'stuId' int(10) NOT NULL AUTO_INCREMENT,
   'stuName' varchar(50) DEFAULT NULL,
   PRIMARY KEY ('stuId')
) ENGINE = InnoDB AUTO_INCREMENT = 1 DEFAULT CHARSET = utf8;
INSERT INTO 'student' VALUES ('1', 'zhangsan');
INSERT INTO 'student' VALUES ('2', 'lisi');
INSERT INTO 'student' VALUES ('3', 'wangwu');
```

- com.test.mapper 包下 StudentMapper.xml 映射文件：

```
<?xml version = "1.0" encoding = "UTF-8"?>
<!DOCTYPE mapper
PUBLIC "-//mybatis.org//DTD Mapper 3.0//EN"
"http://mybatis.org/dtd/mybatis-3-mapper.dtd">
```

```
<mapper namespace = "com.test.mapper.StudentMapper">
<select id = "selectStudent" resultType = "hashmap">
SELECT * FROM student
</select>
</mapper>
```

- mybatis-config.xml 配置文件内容：

```
<?xml version = "1.0" encoding = "UTF-8"?>
<!DOCTYPE configuration
PUBLIC "-//mybatis.org//DTD Config 3.0//EN"
"http://mybatis.org/dtd/mybatis-3-config.dtd">
<configuration>
<environments default = "development">
<environment id = "development">
<transactionManager type = "JDBC"/>
<dataSource type = "POOLED">
<property name = "driver" value = "com.mysql.jdbc.Driver"/>
<property name = "url" value = "jdbc:mysql:///mydb"/>
<property name = "username" value = "root"/>
<property name = "password" value = "root"/>
</dataSource>
</environment>
</environments>
<mappers>
<mapper resource = "com/test/mapper/StudentMapper.xml"/>
</mappers>
</configuration>
```

- 测试调用类 Test.java：

```
public class Test {
    public static void main(String[] args) {
        String resource  =  "mybatis-config.xml";
        InputStream inputStream;
        SqlSession  sqlSession = null ;
        try {
            //配置文件加载
            inputStream = Resources.getResourceAsStream(resource);
            //根据配置文件生成SqlSessionFactory对象
            SqlSessionFactory sqlSessionFactory = new SqlSessionFactoryBuilder().build(inputStream);
            //sqlSession获取
```

```
            sqlSession = sqlSessionFactory.openSession();
            //执行查询请求
            List<Map> list = sqlSession.selectList("com.test.mapper.StudentMapper.selectStudent");
            //输出查询结果
            for(Map map:list)
            {
                System.out.println(map);
            }
        } catch (IOException e)
        {
            e.printStackTrace();
        }finally
        {
            sqlSession.close();
        }
    }
}
```

现在让我们在 com.test.mapper 包中的 StudentMapper.xml 配置文件内，配置 id 为“selectStudentByStuId”和“updateStudent”的 SQL 语句的映射，代码如下：

```
<?xml version = "1.0" encoding = "UTF-8"?>
<!DOCTYPE mapper
PUBLIC "-//mybatis.org//DTD Mapper 3.0//EN"
"http://mybatis.org/dtd/mybatis-3-mapper.dtd">
<mapper namespace = "com.test.mapper.StudentMapper">
<select id = "selectStudentByStuId" parameterType = "int"
resultType = "student">
SELECT * FROM student WHERE stuid = #{stuid}
</select>
<update id = "updateStudent" parameterType = "student">
UPDATE student SET stuname = #{stuname} WHERE stuid = #{stuid}
</update>
</mapper>
```

映射文件配置好了之后，在代码里我们就可以通过 sqlSession 进行调用了，selectStudentByStuId 调用，主要代码如下：

```
String resource = "mybatis-config.xml";
    InputStream inputStream;
    SqlSession sqlSession = null;
    try {
```

```
        //加载配置文件
        inputStream = Resources.getResourceAsStream(resource);
        SqlSessionFactory sqlSessionFactory = new SqlSessionFactoryBuilder().build(inputStream);
        sqlSession = sqlSessionFactory.openSession();
        Student student = new Student();
        List<Student> list = sqlSession.selectList("com.test.mapper.StudentMapper.selectStudentByStuId", 1);
        for (Student stu : list)
        {
            System.out.println(stu.getStuname());
        }
    } catch (Exception e)
    {
        e.printStackTrace();
    } finally
    {
    sqlSession.close();
}
```

updateStudent 调用，主要代码如下：

```
String resource = "mybatis-config.xml";
    InputStream inputStream;
    SqlSession sqlSession = null;
    try {
        inputStream = Resources.getResourceAsStream(resource);
        SqlSessionFactory sqlSessionFactory = new SqlSessionFactoryBuilder().build(inputStream);
        sqlSession = sqlSessionFactory.openSession();
        Student student = new Student();
        student.setStuid(1);
        student.setStuname("cyz");
        int rows = sqlSession.update("com.test.mapper.StudentMapper.updateStudent", student);
        System.out.println(rows);
        sqlSession.commit();
    } catch (Exception e)
    {
        sqlSession.rollback();
        e.printStackTrace();
    } finally
    {
        sqlSession.close();
    }
```

从上面的例子中我们可以发现要调用已经配置好的映射语句可以通过字符串(字符串形式为映射器配置文件所在的包名 namespace+在文件内定义的语句 id，如上，即 com.test.mapper.StudentMapper 和语句 id selectStudentByStuId 或 updateStudent 组成)调用映射的 SQL 语句，这种方式虽然简洁但却容易出错。在调用之前必须要检查映射器配置文件中的定义，以保证输入参数类型和结果返回类型是有效的；否则可能会产生运行时异常。

为了避免可能产生的运行时异常，MyBatis 提供了映射接口调用方式，一旦通过映射器配置文件配置了映射语句，就可以创建一个完全对应的映射器接口，接口名跟配置文件名相同，接口所在包名也跟配置文件所在包名完全一样(如 StudentMapper.xml 所在的包名是 com.test.mapper，对应的接口名就是 com.test.mapper.StudentMapper.java)。映射器接口中的方法签名也跟映射器配置文件中完全对应：方法名为配置文件中的 id 值；方法参数类型为 parameterType 对应值；方法返回值类型为 returnType 对应值。对于上述的 StudentMapper.xml 文件，我们可以创建一个映射器接口 StudentMapper.java，主要代码如下：

```
public interface StudentMapper {
    public List<Student> selectStudentByStuId(Integer stuid);
    public int updateStudent(Student student);
}
```

在 StudentMapper.xml 映射器配置文件中，其名字空间 namespace 应该跟 StudentMapper 接口的完全限定名保持一致。另外，StudentMapper.xml 中语句 id、parameterType、returnType 应该分别和 StudentMapper 接口中的方法名、参数类型、返回值相对应。

使用映射器接口可以以类型安全的形式调用映射语句。调用主要代码如下：

```
String resource = "mybatis-config.xml";
    InputStream inputStream;
    SqlSession sqlSession = null;
    try {
        inputStream = Resources.getResourceAsStream(resource);
        SqlSessionFactory sqlSessionFactory = new SqlSessionFactoryBuilder().build(inputStream);
        sqlSession = sqlSessionFactory.openSession();
        Student student = new Student();
        student.setStuid(1);
        student.setStuname("cyz");
        StudentMapper studentMapper = sqlSession.getMapper(StudentMapper.class);
        List<Student> list = studentMapper.selectStudentByStuId(1);
        for (Student stu : list) {
            System.out.println(stu.getStuname());
        }
        int rows = studentMapper.updateStudent(student);
        System.out.println(rows);
        sqlSession.commit();
```

```
} catch (Exception e)
{
    sqlSession.rollback();
    e.printStackTrace();
} finally
{
    sqlSession.close();
}
```

3.2　SQL 映射

对于 SQL 映射 XML 文件，MyBatis 提供了一些基本的配置标签，如下所列：

- cache——在特定的命名空间配置缓存。
- cache-ref——引用另外一个命名空间配置的缓存。
- resultMap——最复杂也是最强大的元素，用来描述如何从数据库结果集里加载对象。
- SQL——能够被其他语句重用的 SQL 块。
- insert——insert 映射语句。
- update——update 映射语句。
- delete——deleete 映射语句。
- select——select 映射语句。

3.2.1　select 查询语句

一个 select SQL 语句可以在<select>元素的映射器 XML 配置文件中配置，代码如下：

```
<select id = "selectStudentByStuId" parameterType = "int" resultType = "student">
    SELECT * FROM student WHERE stuid = #{stuid}
</select>
```

上面这条语句叫做 selectStudentByStuId 语句，它以 int 型(或者 Integer 型)作为输入参数，并返回一个 student(类型别名 typeAliases)类型的值。注意这个参数的表示法：#{stuid}，它告诉 MyBatis 生成 PreparedStatement 参数。像在 JDBC 里，这个参数会被标识为“?”，然后传递给 PreparedStatement，代码如下：

```
String selectStudent = "SELECT * FROM student WHERE stuid = ?" ;
PreparedStatement ps = conn.prepareStatement(selectStudent);
ps.setInt(1, stuid);
```

当然，如果单独使用 JDBC 去提取这个结果集并把结果集映射到对象上，则需要更多的代码，而这些，MyBatis 都已经做到了。

上面映射使用一个 ID selectStudentByStuId，可以在名空间 com.test.mapper. StudentMapper. selectStudentByStuId 中唯一标识。

如果我们要根据学生 ID 得到学生信息列表，可以如下调用代码：

```
List<Student> list = sqlSession.selectList(
                        "com.test.mapper.StudentMapper.selectStudentByStuId", 1);
```

sqlSession.selectList()方法返回执行 select 语句后所返回的 List<Student>的值。

如果不使用名空间(namespace)和语句 id 来调用映射语句，你可以通过创建一个映射器 mapper 接口，并以类型安全的方式调用方法，主要代码如下：

```
public interface StudentMapper {
    public List<Student> selectStudentByStuId(Integer stuid);
}
```

这样，根据学生 ID 得到学生信息列表，可以用如下代码调用 selectStudentByStuId 映射语句实现：

```
StudentMapper studentMapper = sqlSession.getMapper(StudentMapper.class);
List<Student> list = studentMapper.selectStudentByStuId(1);
```

select 语句还有很多的属性可以详细配置每一条语句，配置代码如下：

```
<select
    id = "selectStudentByStuId"
    parameterType = "int"
    parameterMap = "deprecated"
    resultType = "hashmap"
    resultMap = "personResultMap"
    flushCache = "false"
    useCache = "true"
    timeout = "10000"
    fetchSize = "256"
    statementType = "PREPARED"
    resultSetType = "FORWARD_ONLY"
>
```

select 每个属性都代表着不同的含义，select 语句的详细配置属性解释如表 3-1 所示。

表 3-1 select 语句详细配置属性解释

属性名	描　述
id	在这个命名空间下唯一的标识符，可被其他语句引用
parameterType	传给此语句的参数的完整类名或别名
parameterMap	不推荐使用。这个参数将来可能被删除
resultType	语句返回值类型的完整类名或别名。注意，如果返回的是集合(collections)，那么应该是集合所包含的具体子类型，而不是集合本身。resultType 与 resultMap 不能同时使用

续表

属性名	描　　述
resultMap	引用外部定义的 resultMap。结果集映射是 MyBatis 中最强大的特性，同时又非常好理解。许多复杂的映射都可以轻松解决。resultType 与 resultMap 不能同时使用
flushCache	如果设为 true，则在每次语句调用的时候会清空缓存。select 语句默认设为 false
useCache	如果设为 true，则语句的结果集将被缓存，select 语句默认设为 false
timeout	设置超时时间，默认没有设置，由驱动器自己决定
fetchSize	设置从数据库获得记录的条数，默认没有设置，由驱动器自己决定
statementType	可设置为 Statement，Prepared 或 Callable 中的任意一个，告诉 MyBatis 分别使用 Statement，PreparedStatement 或者 CallableStatement。默认为 Prepared
resultSetType	FORWARD_ONLY、SCROLL_SENSITIVE、SCROLL_INSENSITIVE 三个中的任意一个，默认没有设置，由驱动器自己决定

3.2.2　insert 插入语句

1．insert 语句配置

要向 Student 学生表插入一条信息，我们可以使用 insert 语句实现，一个 insert SQL 语句可以在<insert>元素的映射器 XML 配置文件中配置，代码如下所示：

```
<insert id = "insertStudent" parameterType = "student">
INSERT INTO student(stuid, stuname) VALUES(#{stuid}, #{stuname})
</insert>
```

这里我们使用一个 ID insertStudent，可以在名空间 com.test.mapper.StudentMapper.insertStudent 中唯一标识。parameterType 属性应该是一个完全限定类名或者是一个类型别名(typeAliases)。我们可以调用如下这个语句实现向 student 表中插入一条学生信息：

```
int rows = sqlSession.insert("com.test.mapper.StudentMapper.insertStudent", student);
```

上面代码中 sqlSession.insert()方法会返回执行 insert 语句后插入的行数。

如果不使用命名空间(namespace)加映射语句 id 来调用映射语句，也可以通过创建一个映射器 mapper 接口，并以类型安全的方式来调用方法，主要代码如下：

```
public interface StudentMapper {
    public int insertStudent(Student student);
}
```

你可以调用如下 insertStudent 映射语句：

```
StudentMapper studentMapper = sqlSession.getMapper(StudentMapper.class);
int rows = studentMapper.insertStudent(student);
```

对于 insert 语句的配置，MyBatis 还提供很多的属性，允许详细配置每一条语句，配置代码如下：

```
<insert
```

```
    id = "insertStudent"
    parameterType = "student"
    flushCache = "true"
    statementType = "PREPARED"
    keyProperty = ""
    useGeneratedKeys = ""
    timeout = "20000"
>
```

insert 每个属性都代表着不同的含义，insert 语句详细配置解释如表 3-2 所示。

表 3-2　insert 语句的详细配置解释

属性名	描　述
id	在这个命名空间下唯一的标识符，可被其他语句引用
parameterType	传给此语句的参数的完整类名或别名
parameterMap	不推荐使用，将来可能删除
flushCache	如果设为 true，则在每次语句调用的时候会清空缓存。select 语句默认设为 false
timeout	设置超时时间，默认没有设置，由驱动器自己决定
statementType	可设置为 STATEMENT、PREPARED 或 CALLABLE 中的任意一个，告诉 MyBatis 分别使用 Statement、PreparedStatement 或者 CallableStatement。默认为 PREPARED
useGeneratedKeys	(仅限 insert 语句时使用)告诉 MyBatis 使用 JDBC 的 getGeneratedKeys 方法来获取数据库自动生成主键(如 MySQL、SQLSERVER 等关系型数据库会有自增的字段)，默认为 false
keyProperty	(仅限 insert 语句时使用)设置自动生成主键的字段，这个字段的值由 getGeneratedKeys 方法返回，或者由 insert 元素的 selectKey 子元素返回。默认不设置

2．自动生成主键

将上述的学生信息插入 insert 语句中，我们可以为列名 stuid 自动插入值。我们可以使用 useGeneratedKeys 和 keyProperty 属性让数据库生成 auto_increment 列的值，并将生成的值设置到其中一个输入对象属性内，代码如下：

```
<insert id = "insertStudent" parameterType = "student" useGeneratedKeys = "true"
    keyProperty = "stuid">
    INSERT INTO student(stuname) VALUES(#{stuname})
</insert>
```

这里 stuid 列值将会被 MySQL 数据库自动生成，并且生成的值会被设置到 student 对象的 stuid 属性上，插入代码如下：

```
StudentMapper studentMapper = sqlSession.getMapper(StudentMapper.class);
studentMapper.insertStudent(student);
```

现在可以用如下代码获取插入的 student 记录的 stuid 的值：

```
int studentId = student.getStuid();
```

有些数据库如 Oracle 并不支持 AUTO_INCREMENT 列，而使用序列(SEQUENCE)来生成主键值。假设我们有一个名为 STU_ID_SEQ 的序列来生成 stuid 主键值。使用如下代码来生成主键：

```
<insert id = "insertStudent" parameterType = "student">
<selectKey keyProperty = "stuid" resultType = "int" order = "BEFORE">
SELECT ELEARNING.STU_ID_SEQ.NEXTVAL FROM DUAL
</selectKey>
    INSERT INTO student(stuid, stuname)
    VALUES(#{stuid}, #{stuname})
</insert>
```

<selectKey>语句还有其他的属性，每个属性所表达的意义如表 3-3 所示。

表 3-3　<selectKey>语句属性所表达的意义

属　性	描　　述
keyProperty	设置需要自动生成键值的列
resultType	结果类型，MyBatis 通常可以自己检测到，但这并不影响给它一个确切的类型。MyBatis 允许使用任何基本的数据类型作为键值，也包括 String 类型
order	可以设成 BEFORE 或者 AFTER，如果设为 BEFORE，那它会先选择主键，然后设置 keyProperty，再执行 insert 语句；如果设为 AFTER，它就先执行 insert 语句再执行 selectKey 语句，像数据库 Oracle 那样在 insert 语句中调用内嵌的序列机制一样
statementType	像前面一样，MyBatis 支持 STATEMENT、PREPARED 和 CALLABLE 语句类型，分别对应 Statement、PreparedStatement 和 CallableStatement

这里我们使用了<selectKey>子元素来生成主键值，并将值保存到 student 对象的 stuid 属性上。属性 order = “before” 表示 MyBatis 将取得序列的下一个值作为主键值，并且在执行 insert SQL 语句之前将值设置到 stuid 属性上。

我们也可以在获取序列的下一个值时，使用触发器(trigger)来设置主键值，并且在执行 insert SQL 语句之前将值设置到主键列上。如果采取这样的方式，则对应的 insert 映射语句代码如下：

```
<insert id = "insertStudent" parameterType = "student">
    INSERT INTO student(stuname)
    VALUES(#{stuname})
    <selectKey keyProperty = "stuid" resultType = "int" order = "AFTER">
        SELECT ELEARNING.STU_ID_SEQ.CURRVAL FROM DUAL
    </selectKey>
</insert>
```

3.2.3 update 修改语句

一个实现修改学生信息的 update SQL 语句可以在<update>元素的映射器 XML 配置文件中配置，配置代码如下：

```
<update id = "updateStudent" parameterType = "student">
    UPDATE student SET stuname = #{stuname} WHERE stuid = #{stuid}
</update>
```

对于 update 语句的配置 MyBatis 还提供有很多的属性允许详细配置每一条语句：

```
<update
    id = "updateStudent"
    parameterType = "student"
    flushCache = "true"
    statementType = "PREPARED"
    timeout = "20000"
>
```

update 语句的详细配置属性意义和 insert 语句的相同属性表达的意义相同，这里就不再阐述。

在调用映射语句时可以采用如下代码：

```
int rows = sqlSession.update("com.test.mapper.StudentMapper.insertStudent", student);
```

sqlSession.update()方法返回执行 update 语句之后影响的行数。

如果不使用命名空间(namespace)和语句 id 来调用映射语句，也可以通过创建一个映射器 mapper 接口，并以类型安全的方式调用方法，主要代码如下：

```
public interface StudentMapper {
    public int updateStudent(Student student);
}
```

可以使用映射器 Mapper 接口来调用 updateStudent 语句，主要代码如下：

```
StudentMapper studentMapper = sqlSession.getMapper(StudentMapper.class);
int rows = studentMapper.updateStudent(student);
```

3.2.4 delete 删除语句

一个 delete SQL 语句可以在<delete>元素的映射器 XML 配置文件中配置，配置代码如下：

```
<delete id = "deleteStudent" parameterType = "int">
    DELETE FROM student WHERE stuid = #{stuid}
</delete>
```

对于 delete 语句的配置，MyBatis 还提供有很多的属性允许详细配置每一条语句：

```
<delete
    id = "deleteStudent"
    parameterType = "student"
    flushCache = "true"
    statementType = "PREPARED"
    timeout = "20000"
>
```

delete 语句的详细配置属性意义和 insert 语句相同属性表达的意义相同，这里就不再阐述。

可以采用如下代码调用此映射语句：

```
int stuid = 1;
int rows = sqlSession.delete("com.test.mapper.StudentMapper.deleteStudent", stuid);
```

sqlSession.delete()方法返回 delete 语句执行后影响的行数。

如果不使用命名空间(namespace)和语句 id 来调用映射语句，也可以通过创建一个映射器 mapper 接口，并以类型安全的方式调用方法，主要代码如下：

```
public interface StudentMapper {
    public int deleteStudent(Integer stuid);
}
```

可以使用映射器 mapper 接口来调用 deleteStudent 语句，代码如下：

```
StudentMapper mapper = sqlSession.getMapper(StudentMapper.class);
int rows = mapper.deleteStudent(stuid);
```

3.2.5　SQL 块语句

SQL 元素用来定义能够被其他语句引用的可重用 SQL 语句块。例如：

```
<sql id = "userColumns" > id, username, password </sql>
```

这个 SQL 语句块能够被其他语句引用，配置代码如下：

```
<select id = "selectUser" parameterType = "int" resultType = "hashmap" >
select <include refid = "userColumns" />
    from userinfo where id = #{id}
</select>
```

3.2.6　Parameters 参数

前面的语句中，我们看到一些例子中简单的参数(用于代入 SQL 语句中的可替换变量，如#{stuid})。参数是 MyBatis 中非常强大的配置属性，基本上，大部分的情况都会用到，代码如下：

```
<select id = "selectStudentByStuId" parameterType = "int" resultType = "student">
```

```
    SELECT * FROM student WHERE stuid = #{stuid}
  </select>
```

这段代码演示了一个非常简单的命名参数映射，parameterType 被设置为“int”。参数可以设置为任何类型。像基本数据类型或者 Integer 和 String 这样的简单的数据对象，(因为没有相关属性)将使用全部参数值。而如果传递的是复杂对象(一般是指 JavaBean)，那么情况就有所不同。代码如下：

```
<insert id = "insertStudent" parameterType = "student">
  INSERT INTO student(stuid, stuname) VALUES(#{stuid}, #{stuname})
</insert>
```

如果参数对象 student 被传递给 SQL 语句，那它将会搜寻 PreparedStatement 里的 stuid 和 stuname 属性，并被 student 对象里相应的属性值替换。

这种传递参数到语句的方式非常简单，同时参数映射还具有很多特性。

首先，像 MyBatis 其他部分一样，参数可以指定许多的数据类型。

```
#{property, javaType = int, jdbcType = NUMERIC}
```

像 MyBatis 的其他部分一样，这个 javaType 是由参数对象决定的，但 HashMap 除外。这个 javaType 应该确保有正确的 typeHandler。

注意：如果传递了一个空值，那这个 jdbc Type 必须接受一个为空的值。

对于需要自定义类型处理的情况，也可以指定一个特殊的 typeHandler 类或者别名，如：

```
#{age, javaType = int, jdbcType = NUMERIC, typeHandler = MyTypeHandler}
```

当然，这看起来更加复杂了，不过，这种情况比较少见。

对于数据类型，可以使用 numericScale 来指定小数位的长度。

```
#{height, javaType = double, jdbcType = NUMERIC, numericScale = 2}
```

最后，mode 属性允许指定 IN、OUT 或 INOUT 参数。如果参数是 OUT 或 INOUT，参数对象属性的实际值将会改变，如果希望调用一个输出参数，mode = OUT(或者 INOUT)，并且 jdbcType = CURSOR(如 Oracle 的 REFCURSOR)，那就必须指定一个 resultMap 映射结果集给这个参数类型。注意这里的 javaType 类型是可选的，如果为空值而 jdbcType = CURSOR 的话，则会自动地将其设给 ResultSet。

```
#{department,
  mode = OUT,
  jdbcType = CURSOR,
  javaType = ResultSet,
  resultMap = departmentResultMap
}
```

MyBatis 也支持高级的数据类型，但当把 mode 设置为 out 的时候，必须把类型名告诉执行语句。例如：

```
#{middleInitial,
    mode = OUT,
    jdbcType = STRUCT,
    jdbcTypeName = MY_TYPE,
    resultMap = departmentResultMap
}
```

尽管有这些强大的选项，但是大多数情况下只需指定属性名，MyBatis 就会识别其他部分的设置。最多就是给可以为 null 值的列指定 jdbcType：

```
#{firstName}
#{middleInitial, jdbcType = VARCHAR}
#{lastName}
```

默认情况下，使用#{}语法会促使 MyBatis 生成 PreparedStatement 并且安全地设置 PreparedStatement 参数(=?)值。尽管这是安全、快捷并且是经常使用的，但有时候需要直接将未更改的字符串代入到 SQL 语句中，比如，对于 ORDER BY，可以这样使用：ORDER BY ${columnName}，这样 MyBatis 就不会修改这个字符串了。

警告：这种不加修改地接收用户输入并应用到语句的方式，是非常不安全的。这使用户能够进行 SQL 注入，破坏代码。因此，要么这些字段不允许用户输入，要么用户每次输入后都进行检测和规避。

3.2.7　resultMap 结果集映射

resultMap 元素是 MyBatis 中最重要最强大的元素，与使用 JDBC 从结果集获取数据相比，它可以省掉大部分的代码，也可以做一些 JDBC 不支持的事。事实上，要写一个类似于联结映射(Join Mapping)这样复杂的交互代码，可能需要上千行的代码。设计 resultMaps 的目的，就是只使用简单的配置语句而不需要详细地处理结果集映射，对更复杂的语句除了使用一些必需的语句描述以外，就不需要其他的处理了。

为了方便讲解我们将引入一个用户和他所对应的地址关系的例子。

Userinfo 和 Address 的 JavaBean 定义主要代码如下所示：

```
public class Userinfo {
    private int userid;
    private String username;
    private String password;
    //这里省略了所有属性的 getter 和 setter 方法
}
public class Address {
    private int addrid;
    private String city;
    private String street;
    private String zip;
```

```
    //这里省略了所有属性的 getter 和 setter 方法
}
```

有的简单映射语句并没有使用 resultMap，例如：

```
<select id = "selectUserinfoById" parameterType = "int" resultType = "hashmap">
        SELECT * FROM Userinfo WHERE userid = #{userid}
</select>
```

像上面的语句，所有结果集将会自动地映射到以列表为 key 的 HasMap(由 resultType 指定)中，虽然这在许多场合下有用，但是 HashMap 却不是非常好的域模型。更多的情况是使用 JavaBeans 或者 POJOs 作为域模型，MyBatis 支持这两种域模型。考虑上面的 Userinfo 的 JavaBeans 模型。

基于 JavaBeans 规范，上面的类有三个属性：userid、username 和 password。这三个属性对应 select 语句的列名。这样的 JavaBean 可以像 HashMap 一样简单地映射到 ResultSet 结果集。例如：

```
<select id = "selectUserinfoById" parameterType = "int" resultType = "userinfo">
        SELECT userid, username, password FROM userinfo WHERE userid = #{userid}
</select>
```

这种情况下，MyBatis 在后台自动生成 resultMap，将列名映射到 JavaBean 的相应属性。如果列名与属性名不匹配，可以使用 select 语法(标准的 SQL 特性)中将列名取一个别名的方式来进行匹配。代码如下所示：

```
<select id = "selectUserinfoById" parameterType = "int" resultType = "userinfo">
    SELECT
    user_id as "userid" ,
    user_name as "username" ,
    password
    FROM userinfo
    WHERE userid = #{userid}
</select>
```

在了解 resultMap 的相关知识之后，看下面的配置代码，这可作为另一种解决列名不匹配的方法：

```
<resultMap id = "userinfoResultMap" type = "com.test.domain.Userinfo">
        <id property = "userid" column = "user_id" />
        <result property = "username" column = "user_name" />
        <result property = "password" column = "password" />
</resultMap>
```

这个语句将会被 resultMap 属性引用(注意，我们没有使用 resultType)，代码如下：

```
<select id = "selectUserinfoById" parameterType = "int" resultMap = "userinfoResultMap">
        SELECT userid, username, password FROM userinfo WHERE userid = #{userid}
```

```
</select>
```

id、result 元素说明：

```
<id property = "userid" column = "user_id" />
<result property = "username" column = "user_name" />
```

这是最基本的结果集映射。id 和 result 将列映射到属性或简单的数据类型字段(String、int、double、Date 等)。这两者唯一的不同是在比较对象实例时 id 作为结果集的标识属性。这有助于提高总体性能，特别是应用缓存和嵌套结果映射的时候。

详细的 id、result 元素属性含义如表 3-4 所示。

表 3-4　id、result 元素属性含义

属　性	描　　述
property	JavaBean 里需要映射到数据库列的字段或属性。如果 JavaBean 里的属性与给定的名称匹配，就会使用匹配的名字。否则，MyBatis 将搜索给定名称的字段。两种情况下都可以使用逗点加属性形式访问。比如，可以映射到“username”，也可以映射到“address.street.number”
column	数据库里表的列名或者表的列标签别名。与传递给 resultSet.getString(columnName)的参数名称相同
javaType	完整 Java 类名或别名。如果映射到一个 JavaBean，则 MyBatis 通常会自行检测到。但是，如果要映射到一个 HashMap，那就应该指定 javaType 来限定其类型
jdbcType	表 3-5 将列出 JDBC 的类型。这个属性只在 insert、update 或 delete 的时候针对允许空的列有用。JDBC 需要这个选项，但 MyBatis 不需要。如果直接编写 JDBC 代码，在允许为空值的情况下需要指定这个类型
typeHandler	使用这个属性可以重写默认类型处理器。它的值可以是一个 typeHandler 实现的完整类名，也可以是一个类型别名

MyBatis 在映射字段时会自动调整 JDBC 类型和 Java 类型间的关系，MyBatis 支持的 JDBC 类型如表 3-5 所示。

表 3-5　MyBatis 支持的 JDBC 类型

BIT	FLOAT	CHAR	TIMESTAMP	OTHER	UNDEFINED
TINYINT	REAL	VARCHAR	BINARY	BLOB	NVARCHAR
SMALLINT	DOUBLE	LONGVARCHAR	VARBINARY	CLOB	NCHAR
INTEGER	NUMERIC	DATE	LONGVARBINARY	BOOLEAN	NCLOB
BIGINT	DECIMAL	TIME	NULL	CURSOR	

resultMap 除了上面常用标签外还提供了实例化注入 constructor 元素：

```
<constructor>
    <idArg column = "id" javaType = "int"/>
    <arg column = " username" javaType = " String" />
</constructor>
```

当属性与 DTO 或者与你自己的域模型一起工作的时候，许多场合要用到不变类。通常，包含引用或者查找的数据很少，或者数据不会改变的表适合映射到不变类中。构造器注入允许在类实例化后给类设值，这不需要通过 public 方法。MyBatis 同样也支持 private 属性和 JavaBeans 的私有属性达到这一点，但是一些用户可能更喜欢使用构造器注入。构造器元素可以做到这一点，通过下面构造器代码即可实现：

```
public class Userinfo {
    public Userinfo(int userid, String username) {
    }
}
```

为了将结果注入构造器，MyBatis 需要使用它的参数类型来标记构造器。Java 没有办法通过参数名称来反射获得。因此当创建 constructor 元素时，应确保参数是按顺序的并且指定了正确的类型。其他的属性和规则与 id、result 元素的一样，这里不再阐述。

有时候一条数据库查询可能会返回包括各种不同的数据类型的结果集。Discriminator(识别器)元素被设计来处理这种情况以及其他像类继承层次的情况。识别器非常好理解，它就像 Java 里的 switch 语句，discriminator 定义要指定 column 和 javaType 属性。列是 MyBatis 将要取出进行比较的值，javaType 用来确定适当的测试是否正确运行(即使是 String 在大部分情况下也可以工作)。映射代码如下：

```
<resultMap id = "vehicleResult" type = "Vehicle">
<id property = " id" column = "id" />
<result property = "vin" column = "vin"/>
<result property = "year" column = "year"/>
<result property = "make" column = "make"/>
<result property = "model" column = "model"/>
<result property = "color" column = "color"/>
<discriminator javaType = "int" column = "vehicle_type">
<case value = "1" resultMap = "carResult"/>
<case value = "2" resultMap = "truckResult"/>
<case value = "3" resultMap = "vanResult"/>
<case value = "4" resultMap = "suvResult"/>
</discriminator>
</resultMap>
```

在上面代码中，MyBatis 从结果集中取出每条记录，然后比较它的 vehicle type 的值。如果匹配任何 discriminator 中的 case，它将使用由 case 指定的 resultMap。

3.3 SQL 高级映射

3.3.1 拓展 resultMap

我们可以从另外一个<resultMap>拓展出一个新的<resultMap>，这样，原先的属性映射可以继承过来，代码如下：

```
<resultMap id = "userinfoResultMap" type = "com.test.domain.Userinfo">
        <id property = "userid" column = "userid" />
        <result property = "username" column = "username" />
        <result property = "password" column = "password" />
</resultMap>
    <resultMap id = "userinfoAndAddressResultMap" type = "com.test.domain.Userinfo" extends =
            "userinfoResultMap">
        <id property = "address.addrid" column = "addrid" />
        <result property = "address.city" column = "city" />
        <result property = "address.street" column = "street" />
        <result property = "address.zip" column = "zip" />
    </resultMap>
```

id 为 userinfoAndAddressResultMap 的 resultMap 拓展了 id 为 userinfoResultMap 的 resultMap。如果只想映射 Userinfo 数据，可以使用 id 为 userinfoResultMap 的 resultMap，配置代码如下：

```
<select id = "selectUserinfoById" parameterType = "int" resultMap = "userinfoResultMap">
        SELECT userid, username, password FROM userinfo WHERE userid = #{userid}
</select>
```

如果想映射 Userinfo 数据和 Address 数据，可以使用 id 为 userinfoAndAddress ResultMap 的 resultMap，配置代码如下：

```
<select id = "selectUserinfoAndAddress" parameterType = "int" resultMap = "userinfoAndAddressResultMap">
        SELECT  userid, username, password, a.addrid, city, street, zip
        FROM userinfo u LEFT OUTER JOIN address a ON u.addrid = a.addrid WHERE userid = #{userid}

</select>
```

3.3.2　一对一映射

在我们的域模型样例中，假设每一个用户都有一个与之关联的地址信息。表 userinfo 有一个 addrid 列，是 address 表的外键。

userinfo 表的样例数据如图 3-1 所示。

userid	username	password	addrid
1	test	aaa	1
2	bay	def	2

图 3-1　userinfo 表样例数据

address 表的样例数据，如图 3-2 所示。

addrid	city	street	zip
1	beijing	dongcheng	400056
2	shanghai	huangpu	400023

图 3-2 address 表样例数据

下面介绍怎样获取 userinfo 明细和 address 明细。

Userinfo 和 Address 的 JavaBean 以及映射器 mapper XML 文件定义主要代码如下：

```
public class Userinfo {
    private int userid;
    private String username;
    private String password;
    private Address address;
      //这里省略了所有属性的 getter 和 setter 方法
}
public class Address {
    private int addrid;
    private String city;
    private String street;
    private String zip;
     //这里省略了所有属性的 getter 和 setter 方法
}
```

映射器 mapper XML 代码如下：

```
<resultMap id = "userinfoAndAddressResultMap" type = "com.test.domain.Userinfo">
    <id property = "userid" column = "userid" />
        <result property = "username" column = "username" />
        <result property = "password" column = "password" />
        <result property = "address.addrid" column = "addrid" />
        <result property = "address.city" column = "city" />
        <result property = "address.street" column = "street" />
        <result property = "address.zip" column = "zip" />
</resultMap>
<select id = "selectUserinfoAndAddress" parameterType = "int" resultMap =
            "userinfoAndAddressResultMap">
        SELECT    userid, username, password, a.addrid, city, street, zip
```

```
        FROM userinfo u LEFT OUTER JOIN address a ON u.addrid = a.addrid WHERE userid = #{userid}

    </select>
```

我们可以使用圆点记法为内嵌对象的属性赋值。在上述的 resultMap 中，Userinfo 的 address 属性使用了圆点记法被赋上了 address 对应列的值。同样的，我们可以访问任意深度的内嵌对象的属性。

调用方式代码如下：

```
List<Userinfo> list = sqlSession.selectList("com.test.mapper.UserinfoMapper.selectUserinfoAndAddress", 1);
            for (Userinfo info : list) {
                System.out.println(info.getUsername());
                System.out.println(info.getAddress().getCity());
            }
```

上述样例展示了一对一关联映射的一种方法。然而，使用这种方式映射，如果 address 结果需要在其他的 select 映射语句中映射成 Address 对象，我们需要为每一个语句重复这种映射关系。MyBatis 提供了更好地实现一对一关联映射的方法：嵌套结果 resultMap 和嵌套 select 查询语句。接下来，我们将讨论这两种方式。

1) 嵌套 resultMap 实现一对一关系映射

我们可以使用一个嵌套结果 resultMap 方式来获取 Userinfo 及其 Address 信息，代码如下：

```
<resultMap id = "addressResultMap" type = "com.test.domain.Address" >
        <id property = "addrid" column = "addrid" />
        <result property = "city" column = "city" />
        <result property = "street" column = "street" />
        <result property = "zip" column = "zip" />
</resultMap>
    <resultMap id = "userinfoAndAddressResultMap" type = "com.test.domain.Userinfo">
      <id property = "userid" column = "userid" />
        <result property = "username" column = "username" />
        <result property = "password" column = "password" />
        <association property = "address" resultMap = "addressResultMap"></association>
    </resultMap>
<select id = "selectUserinfoAndAddress" parameterType = "int" resultMap = "userinfoAndAddressResultMap">
        SELECT    userid, username, password, a.addrid, city, street, zip
        FROM userinfo u LEFT OUTER JOIN address a ON u.addrid = a.addrid WHERE userid = #{userid}

</select>
```

association 元素处理“has-one”(一对一)这种类型关系。在上述的代码中，我们使用<association>元素引用了另外的在同一个 XML 文件中定义的<resultMap> addressResult

Map，这里的 addressResultMap 结果集映射可以重复使用；如果不需要重复，则可以直接在 XML 里嵌套这个联合查询的映射结果。代码如下：

```
<resultMap id = "userinfoAndAddressResultMap" type = "com.test.domain.Userinfo">
    <id property = "userid" column = "userid" />
        <result property = "username" column = "username" />
        <result property = "password" column = "password" />
        <association property = "address" column = "addrid" javaType = "com.test.domain.Address">
        <id property = "addrid" column = "addrid" />
        <result property = "city" column = "city" />
        <result property = "street" column = "street" />
        <result property = "zip" column = "zip" />
        </association>
</resultMap>
```

<association>元素和其他的集映射工作方式差不多，指定 property、column、javaType(通常 MyBatis 会自动识别)、jdbcType(如果需要)、typeHandler。不同的是需要告诉 MyBatis 如何加载一个联合查询。MyBatis 使用两种方式来加载：

results：通过嵌套映射结果(nested result mappings)来处理连接结果集(joined results)的重复子集。

select：通过执行另一个返回复杂类型的映射 SQL 语句(即引用外部定义好的 SQL 语句块)。

首先，检查一下元素属性。正如我们看到的，它不同于只有 resultMap 和 select 所示属性的结果映射，如表 3-6 所示。

表 3-6　association 属性含义

属　性	描　述
property	映射数据库列的字段或属性。如果 JavaBean 的属性与给定的名称匹配，就会使用匹配的名字。否则，MyBatis 将搜索给定名称的字段。两种情况下都可以使用逗点的属性形式。比如，可以映射到"username"，也可以映射到更复杂点的"address.street.number"
column	数据库的列名或者列标签别名。与传递给 resultSet.getString(columnName)的参数名称相同。 注意：在处理组合键时，可以使用 column = "{prop1 = col1, prop2 = col2}" 这样的语法，设置多个列名传入到嵌套查询语句。这就会把 prop1 和 prop2 设置到目标嵌套选择语句的参数对象中
javaType	完整 Java 类名或别名(参考上面的内置别名列表)。如果映射到一个 JavaBean，那 MyBatis 通常会自行检测到。然而，如果映射到一个 HashMap，则应该明确指定 javaType 来确保所需行为
jdbcType	支持 JDBC 类型列表中列出的 JDBC 类型。这个属性只在 insert，update 或 delete 的时候针对允许空的列有用。JDBC 需要这项，但 MyBatis 不需要。如果直接编写 JDBC 代码，在允许为空值的情况下需要指定这个类型

续表

属　性	描　　述
typeHandler	使用这个属性可以重写默认类型处理器。它的值可以是一个 typeHandler 实现的完整类名，也可以是一个类型别名
联合嵌套结果集(Nested Results for Association)	
resultMap	一个可以映射联合嵌套结果集，这是用替代的方式去调用另一个查询语句。它允许您去联合多个表到一个结果集里。这样的结果集可能包括冗余的、重复的需要分解和正确映射到一个嵌套对象视图的数据组。简言之，MyBatis 把结果映射链接到一起，用来处理嵌套
联合嵌套选择(Nested Select for Association)	
select	通过这个属性，通过 ID 引用另一个加载复杂类型的映射语句。从指定列属性中返回的值，将作为参数设置给目标 select 语句。下文将会举例说明。 **注意**：在处理组合键时，可以使用 column = "{prop1 = col1, prop2 = col2}" 这样的语法，设置多个列名传入到嵌套语句。这就会把 prop1 和 prop2 设置到目标嵌套语句的参数对象中

2) 嵌套引入查询实现一对一关系映射

讨论完嵌套 resultMap 实现一对一关系映射后，接下来我们将学习嵌套引入查询实现一对一关系映射。这个方法虽然简单，但是对于大数据集或列表查询，就不尽如人意了。这个问题被称为"N+1"选择问题。我们可以使用如下代码来获取用户 Userinfo 的地址 Address：

```
<resultMap id = "addressResultMap" type = "com.test.domain.Address">
        <id property = "addrid" column = "addrid" />
        <result property = "city" column = "city" />
        <result property = "street" column = "street" />
        <result property = "zip" column = "zip" />
    </resultMap>
<select id = "selectAddressById" parameterType = "int" resultMap = "addressResultMap">
        SELECT * FROM address WHERE addrid = #{addrid}
    </select>
<resultMap id = "userinfoAndAddressResultMap" type = "com.test.domain.Userinfo">
        <id property = "userid" column = "userid" />
        <result property = "username" column = "username" />
        <result property = "password" column = "password" />
        <association property = "address" column = "addrid" select = "selectAddressById" />
</resultMap>
<select id = "selectUserinfoAndAddress" parameterType = "int"
        resultMap = "userinfoAndAddressResultMap">
        SELECT * FROM userinfo where userid = #{userid}
</select>
```

在此方式中，<association>元素的 select 属性被设置成 id 为 selectAddressById 的语句。这里，两个分开的 SQL 语句将会在数据库中执行，第一个调用 selectUserinfoAndAddress 加载 userinfo 信息，而第二个调用 findAddressById 加载 address 信息。Addr_id 列的值将被作为输入参数传递给 selectAddressById 语句。

上述提到的"N+1"问题的产生过程如下：

(1) 执行单条 SQL 语句去获取一个列表的记录("+1"上面例子中的 selectUserinfoAndAddress 加载 userinfo 信息)。

(2) 对列表中的每一条记录，再执行一个联合 select 语句来加载每条记录更加详细的信息("N"上面例子中的 findAddressById 加载 address 信息)。

因此上面例子中执行一条 SQL 语句获取到 10 条 userinfo，这 10 条 userinfo 记录的每一条再执行一条 SQL 语句获取 address 信息，所以总共会执行 11 次查询，当数据量比较大时，这种方式并非理想之选。

我们在上面的例子中已经看到如何处理"一对一"("has one")类型的联合查询。但是对于"一对多"("has many")的情况如何处理呢？这个问题在下一节讨论。

3.3.3 一对多映射

在一对多映射中，我们的域模型是部门和员工之间的关系，一个部门可以有一个或者多个员工，这意味着部门和员工之间存在一对多的映射关系。我们可以使用<collection>元素将一对多类型的结果映射到一个对象集合上。

department 表的样例数据如图 3-3 所示。

depid	depname
1	Business Office
2	Human Resources Department
3	Sales Department

图 3-3 dempartment 表样例数据

employee 表的样例数据如图 3-4 所示。

empid	empname	depid
1	Bill	1
2	John	2
3	Tigger	2
4	bay	3

图 3-4 employee 表样例数据

在上述表中，Business Office 有两名员工，Human Resources Department 有两名员工，Sales Department 有一名员工。

Employee 域对象主要代码如下：

```
public class Employee {
```

```
    private int empid;
    private String empname;
    //这里省略了所有属性的 getter 和 setter 方法
}
```

Department 域对象主要代码如下：

```
public class Department {
    private int depid;
    private String depname;
    private List<Employee> employees;
    //这里省略了所有属性的 getter 和 setter 方法
}
```

上面一对多关系中，如果要获取部门信息及部门所对应的员工信息，MyBatis 提供了<collection>元素被用来将多行员工结果映射成一个过程 Employee 对象的集合。和一对一映射一样，我们可以使用嵌套结果 resultMap 和嵌套 select 语句两种方式映射实现一对多映射。

1) 使用内嵌结果 resultMap 实现一对多映射

要得到部门及部门所对应的员工信息可以使用嵌套结果 resultMap 的方式，代码如下：

```
<resultMap id = "employeeResultMap" type = "com.test.domain.Employee">
        <id property = "empid" column = "empid" />
        <result property = "empname" column = "empname" />
</resultMap>
    <resultMap id = "departmentResultMap" type = "com.test.domain.Department">
        <id property = "depid" column = "depid" />
        <result property = "depname" column = "depname" />
        <collection property = "employees" resultMap = "employeeResultMap"></collection>
    </resultMap>
    <select id = "selectDepartmentAndEmployeeById" parameterType = "int"
        resultMap = "departmentResultMap">
        SELECT dep.depid, dep.depname, emp.empid, emp.empname
        FROM
        department dep LEFT OUTER JOIN employee emp ON dep.depid = emp.depid
        WHERE
        dep.depid = #{depid}
    </select>
```

这里我们简单地使用了一个 JOINS 连接的 select 语句获取部门及其员工信息。

<collection>元素的 resultMap 属性设置成 employeeResultMap，employeeResultMap 包含 Employee 对象属性与表列名之间的映射。

2) 使用嵌套 select 语句实现一对多映射

要使用嵌套 select 方式得到上面的结果，代码如下：

```
<resultMap id = "employeeResultMap" type = "com.test.domain.Employee">
        <id property = "empid" column = "empid" />
        <result property = "empname" column = "empname" />
</resultMap>
<resultMap id = "departmentResultMap" type = "com.test.domain.Department">
        <id property = "depid" column = "depid" />
        <result property = "depname" column = "depname" />
        <collection property = "employees" select = "selectEmployeeById" column = "depid"></collection>
</resultMap>
<select id = "selectEmployeeById" parameterType = "int"
        resultMap = "employeeResultMap">
        SELECT emp.empid, emp.empname
        FROM
        employee emp
        WHERE
        emp.empid = #{empid}
</select>
<select id = "selectDepartmentAndEmployeeById" parameterType = "int"
        resultMap = "departmentResultMap">
        SELECT dep.depid, dep.depname
        FROM
        department dep
        WHERE
        dep.depid = #{depid}
</select>
```

在这种方式中，<aossication>元素的 select 属性被设置成 id 为 selectEmployeeById 的语句，用来触发单独的 SQL 查询加载员工信息。depid 这一列值将会作为输入参数传递给 selectEmployeeById 语句。一对多嵌套 select 语句和一对一嵌套 select 语句的实现方式一样，也存在“N+1”的性能问题，对于较多数据的场合也不是一个很好的选择。

3.3.4 cache 和 cache-ref 元素

1) cache 元素

MyBatis 包含一个强大的、可配置并可定制的查询缓存机制。MyBatis 3 的缓存实现有了许多改进，使其更强大更容易配置。默认情况下，除了会话缓存以外，缓存是没有开启的。会话缓存可以提高性能，且能解决循环依赖。开启二级缓存，只需要在 SQL 映射文件中加入简单的一行：

```
<cache/>
```

这句简单的语句作用如下：

- 所有映射文件里的 select 语句的结果都会被缓存。
- 所有映射文件里的 insert、update 和 delete 语句执行都会清空缓存。
- 缓存使用最近最少使用算法(LRU)来回收。
- 缓存不会被设定的时间所清空。
- 每个缓存可以存储 1024 个列表或对象的引用(不管查询方法返回的是什么)。
- 缓存将作为“读/写”缓存，意味着检索的对象不是共享的且可以被调用者安全地修改，而不会被其他调用者或者线程干扰。

所有这些特性都可以通过 cache 元素进行修改。代码如下：

```
<cache
eviction = "FIFO"
flushInterval = "60000"
size = "512"
readOnly = "true"/>
```

这种高级的配置创建一个每 60 秒刷新一次的 FIFO 缓存，存储 512 个结果对象或列表的引用，并且返回的对象是只读的。因此在不用的线程里的调用者修改它们可能会引起冲突。

可用的回收算法如下：

- LRU (最近最少使用)：移出最近最长时间内都没有被使用的对象。
- FIFO (先进先出)：移除最先进入缓存的对象。
- SOFT (软引用)：基于垃圾回收机制和软引用规则来移除对象(空间内存不足时才进行回收)。
- WEAK (弱引用)：基于垃圾回收机制和弱引用规则来移除对象(垃圾回收器扫描到时即进行回收)。
- flushInterval：可设置为任何正整数，代表一个以毫秒为单位的合理时间。默认是没有设置，因此没有刷新间隔时间被使用，在语句每次调用时才进行刷新。
- Size：可以设置为一个正整数，需要留意要缓存对象的大小和环境中可用的内存空间，默认是 1024。
- readOnly：可以被设置为 true 或 false，默认值是 false，只读缓存将对所有调用者返回同一个实例。因此这些对象都不能被修改，这可以极大地提高性能。可写的缓存将通过序列化来返回一个缓存对象的拷贝。这会比较慢，但是比较安全。

一个缓存配置和缓存实例都绑定到一个 sql Map 文件命名空间。因此，所有相同命名空间的语句都绑定相同的缓存。配置语句可以修改如何与这个缓存相匹配，或者使用两个简单的属性来完全排除它们自己。默认情况下，配置语句如下所示：

```
<select ... flushCache = " false" useCache = " true"/>
<insert ... flushCache = " true" />
<update ... flushCache = " true" />
<delete ... flushCache = " true" />
```

因为有默认值，所以不需要使用这种方式明确地配置这些语句。如果想改变默认的动作，只需要设置 flushCache 和 useCache 属性即可。例如，对一个 select 语句不使用缓存，可以设置 useCache =“false”。

除了内建的缓存支持，MyBatis 也提供了与第三方缓存类库如 Ehcache、OSCache、Hazelcast 的集成支持。你可以在 MyBatis 官方网站 https://code.google.com/p/mybatis 上找到关于继承第三方缓存类库的更多信息。

2) cache-ref 元素

上面讨论在某一个命名空间里使用<cache>元素配置或者刷新缓存。但有可能要在不同的命名空间里共享同一个缓存配置或者实例。在这种情况下，可以使用 cache-ref 元素来引用另外一个缓存。代码如下：

```
<cache-ref namespace = "com.test.mapper.DepartmentMapper" />
```

3.4 动态 SQL

MyBatis 最强大的特性之一就是它的动态语句功能。如果以前使用过 JDBC 或者类似框架，就会明白把 SQL 语句条件连接在一起是很繁琐的，要确保不能忘记空格或者不要在 columns 列后面省略一个逗号等。动态语句能够完全解决这些问题。

尽管与动态 SQL 一起工作不是在开一个 party，但是 MyBatis 确实能通过在任何映射 SQL 语句使用强大的动态 SQL 来改进这些状况。

动态 SQL 元素对于任何使用过 JSTL 或者类似于 XML 之类的文本处理器的人来说，都是非常熟悉的。在 MyBatis 3 版本中有了许多的改进，现在只剩下差不多二分之一的元素。MyBatis 使用基于强大的 OGNL 表达式来消除大部分元素。MyBatis 通过使用 if、choose(when, otherwise)、trim(where, set)和 foreach 等元素提供对构造动态 SQL 语句的高级别支持，接下来，我们将依次介绍其使用方法。

3.4.1 if 元素

if 就是简单的条件判断，利用 if 语句我们可以实现某些简单的条件选择，实现条件查询用户信息，代码如下：

```
<select id = "selectUserinfo" parameterType = "userinfo" resultType = "userinfo">
        SELECT * FROM userinfo WHERE 1 = 1
        <if test = "username != null">
            AND username like #{username}
        </if>
        <if test = "nickname != null">
            AND nickname like #{nickname}
        </if>
</select>
```

如果你提供了 username 参数，那么就要满足 username like #{username}；如果你也提供了 nickname 参数，那么就要满足 nickname like #{ nickname }；之后就是返回满足这些条件的所有 userinfo，这是非常有用的一个功能。以往使用其他类型框架或者直接使用 JDBC 的时候，如果要达到同样的选择效果，就需要拼 SQL 语句，这是极其麻烦的，而上述的动态 SQL 语句就要简单很多。

3.4.2　choose、when、otherwise 元素

有时候我们不想应用所有的条件，而是想从多个选项中选择一个。与 Java 中的 switch 语句相似，MyBatis 提供了一个 choose 元素。代码如下：

```
<select id = "selectUserinfo1" parameterType = "userinfo" resultType = "userinfo">
        SELECT * FROM userinfo WHERE 1 = 1
        <choose>
        <when test = "username != null">
            AND username like #{username}
        </when>
        <when test = "nickname != null">
            AND nickname like #{nickname}
        </when>
        <otherwise>
         AND nickname = "bay"
        </otherwise>
        </choose>
    </select>
```

when 元素表示当 when 中的条件满足的时候就输出其中的内容，跟 Java 中的 switch 效果差不多的是按照条件的顺序，当 when 中有条件满足的时候，就会跳出 choose，即所有的 when 和 otherwise 条件中，只有一个会输出，当所有的条件都不满足的时候就输出 otherwise 中的内容。所以上述语句的意思非常简单，当 username != null 的时候就输出 AND username like #{username}，不再往下判断条件；当 username 为空且 nickname != null 的时候就输出 AND nickname like #{nickname}；当所有条件都不满足的时候就输出 otherwise 中的内容 AND nickname = "bay"。

3.4.3　where、trim、set 元素

1) where 元素

在 3.4.2 的代码中我们在 WHERE 后面带上一个“1 = 1”，为什么我们要把“1 = 1”带上呢？假如我们把 WHERE 1 = 1 去掉，如下代码：

```
<select id = "selectUserinfo" parameterType = "userinfo" resultType = "userinfo">
        SELECT * FROM userinfo
```

```
        <if test = "username != null">
            AND username like #{username}
        </if>
        <if test = "nickname != null">
            AND nickname like #{nickname}
        </if>
    </select>
```

假如我们这里传入的 userinfo 里 username 和 nickname 都为空时语句正常执行，但若 username 和 nickname 其中之一不为空，这时语句就有问题了，即使再把 AND 去掉，把 where 加上依然不能解决问题，当在后面加上一个 WHERE 1 = 1，问题便得到解决。在 MyBatis 中 where 元素能智能地处理 SQL 的 where 条件。上面的代码可修改成如下代码：

```
<select id = "selectUserinfo" parameterType = "userinfo" resultType = "userinfo">
        SELECT * FROM userinfo
        <where>
            <if test = "username != null">
                AND username like #{username}
            </if>
            <if test = "nickname != null">
                AND nickname like #{nickname}
            </if>
        </where>
    </select>
```

上面 where 元素的作用是会在写入 where 元素的地方输出一个 where，另外一个优点是不需要考虑 where 元素里面的条件输出是什么，MyBatis 会智能地处理，如果所有的条件都不满足，那么 MyBatis 就会查出所有的记录，如果输出后是 and 开头的，MyBatis 会把第一个 and 忽略，如果是 or 开头的，MyBatis 也会把它忽略；此外，在 where 元素中不需要考虑空格的问题，MyBatis 会智能地加上。像上述例子中，如果 username = null，而 nickname != null，那么输出的整个语句会是 SELECT * FROM userinfo WHERE nickname like #{nickname}，而不是 SELECT * FROM userinfo WHERE AND nickname like #{nickname}，因为 MyBatis 会智能地把首个 and 或 or 忽略掉。

2) trim 元素

trim 元素的主要功能是可以在自己包含的内容前加上某些前缀，也可以在其后加上某些后缀，与之对应的属性是 prefix 和 suffix；可以把包含内容的首部某些内容覆盖，即忽略，也可以把尾部的某些内容覆盖，对应的属性是 prefixOverrides 和 suffixOverrides。正因为 trim 有这样的功能，所以我们可以非常简单地利用 trim 来代替 where 元素的功能，如果 where 元素的行为并没有完全按我们想象的那样，我们还可以使用 trim 元素来自定义。

上面的条件查询用户信息代码可改成：

```
<select id = "selectUserinfo" parameterType = "userinfo" resultType = "userinfo">
```

```
        SELECT * FROM userinfo
        <trim prefix = "WHERE" prefixOverrides = "AND |OR ">
            <if test = "username != null">
                AND username like #{username}
            </if>
            <if test = "nickname != null">
                AND nickname like #{nickname}
            </if>
        </trim>
    </select>
```

3) set 元素

set 元素主要用在更新操作的时候，它的主要功能和 where 元素其实是差不多的，就是在包含的语句前输出一个 set，如果包含的语句是以逗号结束则把该逗号忽略，如果 set 包含的内容为空则会出错。有了 set 元素就可以动态地更新那些修改了的字段。下面是一段更新操作的代码：

```
<update id = "updateUserinfo" parameterType = "userinfo">
        UPDATE userinfo
        <set>
            <if test = "username != null">
                username = #{username}
            </if>
            <if test = "nickname != null">
                nickname = #{nickname}
            </if>
        </set>
        WHERE userid = #{userid}
    </update>
```

注意：上述代码中，如果 set 中一个条件都不满足，即 set 中包含的内容为空的时候就会报错。

3.4.4　foreach 元素

foreach 主要用在构建 in 条件中，它可以在 SQL 语句中迭代一个集合。foreach 元素的属性主要有 item、index、collection、open、separator、close。item 表示集合中每一个元素进行迭代时的别名；index 指定一个名字，表示在迭代过程中，每次迭代到的位置；open 表示该语句以什么开始；separator 表示在每次进行迭代之间以什么符号作为分隔符；close 表示以什么结束。在使用 foreach 的时候最关键的也是最容易出错的就是 collection 属性，该属性是必须指定的，但是在不同情况下，该属性的值是不一样的，主要有以下三种情况：

(1) 如果传入的是单参数且参数类型是一个 list 的时候，collection 属性值为 list。

传入单参数 list 的类型映射配置代码如下：

```
<select id = "selectUserinfo" resultType = "userinfo">
          SELECT * FROM userinfo where userid in
           <foreach collection = "list" index = "index" item = "item" open = "(" separator=", " close=")">
    #{item}
    </foreach>
  </select>
```

调用时传入参数的 Java 代码如下：

```
List<Integer> ids = new ArrayList<Integer>();
            ids.add(1);
            ids.add(2);
            ids.add(3);
```

(2) 如果传入的是单参数且参数类型是一个 array 数组的时候，collection 的属性值为 array。

传入单参数 array 数组的类型映射配置代码如下：

```
<select id = "selectUserinfo5" resultType = "userinfo">
          SELECT * FROM userinfo where userid in
          <foreach collection = "array" index = "index" item = "item" open = "("separator = ", " close = ")">
               #{item}
          </foreach>
  </select>
```

调用时传入参数的代码如下：

```
int [] ids = new int[]{1, 2, 3};
```

(3) 如果传入的参数是多个的时候，我们就需要把它们封装成一个 Map 了。当然单参数也可以封装成 Map，实际上如果在传入参数的时候，在 MyBatis 里面也是会把它封装成一个 Map 的。Map 的 key 就是参数名，所以这个时候 collection 属性值就是传入的 list 或 array 对象在自己封装的 Map 里面的 key。

传入参数封装成 Map 的多参数类型映射配置代码如下：

```
<select id = "selectUserinfo6" resultType = "userinfo">
          SELECT * FROM userinfo where username like "%"#{username}"%" and userid in
          <foreach collection = "ids" index = "index" item = "item" open = "("separator = ", " close = ")">
               #{item}
          </foreach>
  </select>
```

调用时传入参数的代码如下：

```
int [] ids = new int[]{1, 2, 3};
```

```
Map<String, Object> params = new HashMap<String, Object>();
params.put("ids", ids);
params.put("username", "bay");
```

3.5　注解配置 SQL 映射器

在前面的学习中，我们了解了怎样在映射器 mapper XML 配置文件中配置映射语句。MyBatis 也支持使用注解来配置映射语句。当使用基于注解的映射器接口时，我们不再需要在 XML 配置文件中配置。如果需要，也可以同时使用基于 XML 和基于注解的映射语句。

3.5.1　@Select 查询语句

可以在 mapper 接口方法上使用@Select 注解来定义一个 select 映射语句。定义方式代码如下：

```
public interface StudentMapper {
    @Select("SELECT * FROM student WHERE stuid = #{stuid}")
    public List<Student> selectStudentByStuId(Integer stuid);
}
```

使用了@Select 注解的 selectStudentByStuId()方法将返回查询的结果集。

3.5.2　@Insert 插入语句

可以在 Mapper 接口方法上使用@Insert 注解来定义一个 insert 映射语句。代码如下：

```
public interface StudentMapper {
    @Insert("INSERT INTO student(stuid, stuname) VALUES(#{stuid}, #{stuname})")
    public int insertStudent(Student student);
}
```

使用了@Insert 注解的 insertStudent()方法将返回 insert 语句执行后影响的行数。

1) 自动生成主键

对于支持 AUTO_INCREMENT 的数据库，可以使用@Options 注解的 userGeneratedKeys 和 keyProperty 属性让数据库产生 auto_increment(自增长)列的值，然后将生成的值设置到输入参数对象的属性中。

```
public interface StudentMapper {
    @Insert("INSERT INTO student(stuname) VALUES(#{stuname})")
    @Options(useGeneratedKeys = true, keyProperty = "stuid")
    public int insertStudent(Student student);
}
```

2) 指定主键

有一些数据库如 Oracle，并不支持 AUTO_INCREMENT 列属性，它使用序列

(SEQUENCE)来产生主键的值。我们可以使用@SelectKey 注解来为任意 SQL 语句指定主键值，作为主键列的值。假设我们有一个名为 STU_ID_SEQ 的序列来生成 stuid 主键值，代码如下：

```
public interface StudentMapper {
    @Insert("INSERT INTO student(stuname) VALUES(#{stuname})")
    @SelectKey(statement = "SELECT STU_ID_SEQ.NEXTVAL FROM DUAL", keyProperty = "stuid",
resultType = int.class, before = true)
    public int insertStudent(Student student);
}
```

这里我们使用了@SelectKey 来生成主键值，并且存储到了 student 对象的 stuid 属性上。由于我们设置了 before = true，该语句将会在执行 insert 语句之前执行。

如果使用序列作为触发器来设置主键值，我们可以在 insert 语句执行后，从 sequence_name.currval 获取数据库产生的主键值。主要代码如下：

```
public interface StudentMapper {
    @Insert("INSERT INTO student(stuname) VALUES(#{stuname})")
    @SelectKey(statement = "SELECT STU_ID_SEQ.CURRVAL FROM DUAL", keyProperty = "stuid",
resultType = int.class, before = false)
    public int insertStudent(Student student);
}
```

3.5.3 @Update 修改语句

可以在 mapper 接口方法上使用@Update 注解来定义一个 update 映射语句。主要代码如下：

```
public interface StudentMapper {
    @Update("UPDATE student SET stuname = #{stuname} WHERE stuid = #{stuid}")
    public int updateStudent(Student student);
}
```

使用了@Update 注解的 updateStudent()方法将返回执行了 update 语句后影响的行数。

3.5.4 @Delete 删除语句

可以在 mapper 接口方法上使用@Delete 注解来定义一个 delete 映射语句。主要代码如下：

```
public interface StudentMapper {
    @Delete("DELETE FROM student WHERE stuid = #{stuid}")
    public int deleteStudent(Integer stuid);
}
```

使用了@Delete 注解的 deleteStudent()方法将返回执行了 delete 语句后影响的行数。

3.5.5　@ResultMap 结果映射

我们可以将查询结果通过别名或者是@Results 注解与 JavaBean 属性映射起来，用来实现 resultMap 结果集映射的功能，执行 select 查询主要代码如下：

```
public interface StudentMapper {
    @Select("SELECT * FROM student WHERE stuid = #{stuid}")
    @Results({
        @Result(id = true, column = "stuid", property = "stuid"),
        @Result(column = "stuname", property = "stuname")
    })
    public List<Student> selectStudentByStuId(Integer stuid);
}
```

如果 results 需要重复利用，我们可以创建一个映射器 mapper 配置文件，配置<resultMap>元素，然后使用@ResultMap 注解引用此<resultMap>。

在 StudentMapper.xml 中定义一个 ID 为 StudentResultMap 的<resultMap>，代码如下：

```
<?xml version = "1.0" encoding = "UTF-8"?>
<!DOCTYPE mapper
PUBLIC "-//mybatis.org//DTD Mapper 3.0//EN"
"http://mybatis.org/dtd/mybatis-3-mapper.dtd">
<mapper namespace = "com.test.mapper.StudentMapper">
    <resultMap id = "studentResultMap" type = "com.test.domain.Student">
        <id property = "stuid" column = "stuid" />
        <result property = "stuname" column = "stuname" />
    </resultMap>
</mapper>
```

在 StudentMapper.java 中，可以使用@ResultMap 注解来引用 XML 里名为 studentResultMap 的 resultMap 结果映射，主要代码如下：

```
public interface StudentMapper {
    @Select("SELECT * FROM student WHERE stuid = #{stuid}")
    @ResultMap("com.test.mapper.StudentMapper.studentResultMap")
    public List<Student> selectStudentByStuId(Integer stuid);
}
```

3.5.6　@One 一对一映射

MyBatis 提供了@One 注解来使用嵌套 select 语句(Nested-Select)加载一对一关联查询数据。以下是获取 userinfo 和 address 信息的代码示例。

mapper 接口注解：

```
public interface UserinfoMapper {
    @Select("SELECT * FROM address WHERE addrid = #{addrid}")
    public Address selectAddressById(int addrid);
    @Results(
            {
            @Result(id = true, column = "userid", property = "userid"),
            @Result(column = "username", property = "username"),
            @Result(column = "password", property = "password"),
            @Result(column = "nickname", property = "nickname"),
            @Result(property = "address", column = "addrid",
            one = @One(select = "com.test.mapper.UserinfoMapper.selectAddressById"))
            })
    public List<Userinfo> selectUserinfoById(Integer userid);
}
```

这里我们使用了@One 注解的 select 属性来指定一个使用了完全限定名的方法，该方法会返回一个 Address 对象。使用 column = “addrid”，则 userinfo 表中列 addrid 的值将会作为输入参数传递给 selectAddressById()方法。如果@One select 查询返回了多行结果，则会抛出 TooManyResultsException 异常。

除了使用嵌套 select 语句的方式进行一对一的关联查询外，我们还可以在配置文件里配置 resultMap，使用嵌套结果方式 resultMap 加载一对一关联的查询。

resultMap 配置代码如下：

```
<resultMap id = "addressResultMap" type = "com.test.domain.Address">
        <id property = "addrid" column = "addrid" />
        <result property = "city" column = "city" />
        <result property = "street" column = "street" />
        <result property = "zip" column = "zip" />
    </resultMap>
<resultMap id = "userinfoAndAddressResultMap" type = "com.test.domain.Userinfo">
        <id property = "userid" column = "userid" />
        <result property = "username" column = "username" />
        <result property = "password" column = "password" />
        <association property = "address" resultMap = "addressResultMap"></association>
    </resultMap>
```

mapper 接口主要代码如下：

```
public interface UserinfoMapper {
    @Select("SELECT userid, username, password, a.addrid, city, street, zip FROM userinfo u LEFT OUTER
JOIN address a ON u.addrid = a.addrid WHERE userid = #{userid}")
```

```
    @ResultMap("com.test.mapper.UserinfoMapper.userinfoAndAddressResultMap")
    public List<Userinfo> selectUserinfoById(Integer userid);
}
```

3.5.7 @Many 一对多映射

MyBatis 提供了@Many 注解，用来使用嵌套 Select 语句加载一对多关联查询。以下为查询部门及其员工信息的代码示例：

```
public interface DepartmentMapper {
    @Select("SELECT emp.empid, emp.empname FROM employee emp WHERE emp.empid = #{empid}")
    @Results({ @Result(id = true, column = "empid", property = "empid"),
               @Result(column = "empname", property = "empname")
    })
    public List<Employee> selectEmployeesById(int empid);
    @Select("SELECT dep.depid, dep.depname FROM department dep  WHERE   dep.depid = #{depid}")
    @Results({
               @Result(id = true, column = "depid", property = "depid"),
               @Result(column = "depname", property = "depname"),
               @Result(property = "employees", column = "depid", many = @Many(select =
                             "com.test.mapper.selectEmployeesById")) })
    public Department selectDepartmentAndEmployeeById(int depid);
}
```

这里我们使用了@Many 注解的 select 属性来指向一个完全限定名称的方法，该方法将返回一个 List<Employee>对象。使用 column=“depid”，department 表的 depid 列值将会作为输入参数传递给 selectEmployeesById()方法。除了嵌套 select 语句来关联查询一对多映射外，我们还可以结合在配置文件里配置 resultMap 使用嵌套结果 resultMap 来加载一对多关联的查询。

resultMap 配置代码如下：

```
<resultMap id = "employeeResultMap" type = "com.test.domain.Employee">
    <id property = "empid" column = "empid" />
    <result property = "empname" column = "empname" />
</resultMap>
<resultMap id = "departmentResultMap" type = "com.test.domain.Department">
    <id property = "depid" column = "depid" />
    <result property = "depname" column = "depname" />
    <collection property = "employees" resultMap = "employeeResultMap"></collection>
</resultMap>
```

mapper 接口主要代码如下：

```
public interface DepartmentMapper {
    @Select("SELECT  dep.depid,  dep.depname,emp.empid,emp.empname  FROM  department  dep  LEFT 
OUTER JOIN employee emp ON dep.depid = emp.depid  WHERE dep.depid   =   #{depid}")
    public Department selectDepartmentAndEmployeeById(int depid);
}
```

3.5.8 @SelectProvider 动态查询语句

有时候我们需要根据输入条件动态地构建 SQL 语句。MyBatis 提供了各种注解如@InsertProvider、@UpdateProvider、@DeleteProvider 和@SelectProvider，来帮助构建动态 SQL 语句，然后让 MyBatis 执行这些 SQL 语句。现在让我们来看一个使用@SelectProvider 注解来创建简单的 select 映射语句的例子。

创建一个 DepartmentProvider.java 类，以及 selectDepartmentByIdSql()方法，主要代码如下：

```
public class DepartmentProvider {
    public String selectDepartmentByIdSql( Map<String, Object> parameters) {
        int   depid = Integer.valueOf(parameters.get("depid").toString());
        return "SELECT dep.depid, dep.depname FROM department dep WHERE dep.depid = " + depid;
    }
}
```

在 DepartmentMapper.java 接口中创建一个映射语句，主要代码如下：

```
public interface DepartmentMapper {
    @SelectProvider(type = DepartmentProvider.class, method = "selectDepartmentByIdSql")
    public Department selectDepartmentById(@Param("depid") int depid);
}
```

这里我们使用@SelectProvider 来指定一个类及其内部的方法，用来提供需要执行的 SQL 语句。动态 sqlProvider 方法可以接收以下参数中的一种：

- 无参数
- 和映射器 mapper 接口的方法同类型的参数
- java.util.Map

如果映射器 mapper 接口有多个输入参数，我们可以使用参数类型为 java.util.Map 的方法作为 SQLprovider 方法。然后映射器 mapper 接口方法所有的输入参数将会被放到 Map 中，以 param1、param2 等作为 key，将输入参数按序作为 value。也可以使用你喜欢的名称作为 key 值，你可以使用@Param("depid")方式的注解标在 mapper 接口参数的名称前进行更改。

上面使用字符串拼接的方法构建 SQL 语句是非常困难的，并且容易出错。所以 MyBaits 提供了一个 SQL 工具类不使用字符串拼接的方式，简化构造动态 SQL 语句。让我们看看如何使用 org.apache.ibatis.jdbc.SQL 工具类来准备相同的 SQL 语句，主要代码如下：

```
public class DepartmentProvider {
    public String selectDepartmentByIdSql(Map<String, Object> parameters) {
        final int depid = Integer.valueOf(parameters.get("depid").toString());
        return new SQL() {
            {
                SELECT("dep.depid, dep.depname ");
                FROM("department dep ");
                WHERE("dep.depid =" + depid);
            }
        }.toString();
    }
}
```

SQL 工具类也提供了其他的方法来表示 JOIN、ORDER_BY、GROUP_BY 等。

下面是一个使用 LEFT_OUTER_JOIN 的例子的代码：

```
public class DepartmentProvider {
    public String selectDepartmentByIdSql(Map<String, Object> parameters) {
        return new SQL() {
            {
                SELECT("dep.depid, dep.depname");
                SELECT("emp.empid, emp.empname");
                FROM("department dep");
                LEFT_OUTER_JOIN("employee emp ON dep.depid = emp.depid");
                WHERE("dep.depid =  #{depid}");
            }
        }.toString();
    }
}
```

mapper 接口类方法代码：

```
@SelectProvider(type = DepartmentProvider.class, method = "selectDepartmentByIdSql2")
@ResultMap("com.test.mapper.DepartmentMapper.departmentResultMap")
public Department selectDepartmentById(@Param("depid")  int depid);
```

上面的 resultMap 可以配置在 XML 映射文件里，代码如下：

```
<resultMap id = "employeeResultMap" type = "com.test.domain.Employee">
        <id property = "empid" column = "empid" />
        <result property = "empname" column = "empname" />
    </resultMap>
    <resultMap id = "departmentResultMap" type = "com.test.domain.Department">
        <id property = "depid" column = "depid" />
```

```
        <result property = "depname" column = "depname" />
        <collection property = "employees" resultMap = "employeeResultMap"></collection>
    </resultMap>
```

3.5.9 @InsertProvider 动态插入语句

使用@InsertProvider 注解创建动态的 insert 语句，代码如下：

```
public class DepartmentProvider {
    public String insertDepartmentSql(final Department department) {
        return new SQL() {
            {
                INSERT_INTO("department");
                if (department.getDepname() != null)
                {
                    VALUES("depname", "#{depname}");
                }
            }
        }.toString();
    }
}
```

mapper 接口类方法代码如下：

```
    @InsertProvider (type = DepartmentProvider.class, method = "insertDepartmentSql")
    @Options(useGeneratedKeys = true, keyProperty = "depid")
    public int insertDepartment(Department department);
```

3.5.10 @UpdateProvider 动态更新语句

可以通过@UpdateProvider 注解创建 update 语句，主要代码如下：

```
public class DepartmentProvider {
    public String updateDepartmentSql(final Department department) {
        return new SQL() {
            {
                UPDATE("department");
                if (department.getDepname() != null)
                {
                    SET("depname = #{depname}");
                }
                WHERE("depid = #{depid}");
            }
```

```
        }.toString();
    }
}
```

mapper 接口类方法代码如下：

```
@UpdateProvider(type = DepartmentProvider.class, method = "updateDepartmentSql")
    public int updateDepartment(Department department);
```

3.5.11　@DeleteProvider 动态删除语句

可以使用@DeleteProvider 注解创建动态的 delete 语句，代码如下：

```
public class DepartmentProvider {
    public String deleteDepartmentSql(Map<String, Object> parameters) {
        return new SQL() {
            {
                DELETE_FROM("department");
                WHERE("depid = #{depid}");
            }
        }.toString();
    }
}
```

mapper 接口类方法：

```
    @DeleteProvider(type = DepartmentProvider.class, method = "deleteDepartmentSql")
    public int deleteDepartment(@Param("depid")int depid);
```

3.6　使用 MyBatis Generator 自动创建代码

MyBatis Generator (MBG) 是一个 MyBatis 的代码生成器，它可以生成 MyBatis 各个版本的代码，它根据数据库的表(或多个表)生成可以用来访问(多个)表的基础对象。这样和数据库表进行交互时不需要创建对象和配置文件。MBG 解决了对数据库操作有很大影响的一些简单的 CRUD(插入、查询、更新、删除)操作，但仍然需要对联合查询和存储过程手写 SQL 和对象。MyBatis-Generator 的下载个地址为：https://github.com/mybatis/generator/releases，由于这里使用的是 mysql 数据库，因此需要再准备一个连接 MySQL 数据库的驱动 jar 包、MyBatis 框架的 jar 包以及 MyBatis 生成器 jar 包。这些包都准备好之后有个 generatorConfig.xml 是需要我们来配置的，配置代码如下：

```
<?xml version = "1.0" encoding = "UTF-8"?>
<!DOCTYPE generatorConfiguration
  PUBLIC "-//mybatis.org//DTD MyBatis Generator Configuration 1.0//EN"
```

```
  "http://mybatis.org/dtd/mybatis-generator-config_1_0.dtd">
<generatorConfiguration>
<!-- 数据库驱动-->
    <classPathEntry   location = "mysql-connector-java-5.1.40-bin.jar"/>
    <context id = "DB2Tables"   targetRuntime = "MyBatis3">
        <commentGenerator>
            <property name = "suppressDate" value = "true"/>
            <!-- 是否去除自动生成的注释 true：是，false：否 -->
            <property name = "suppressAllComments" value = "true"/>
        </commentGenerator>
        <!--数据库链接URL，用户名、密码 -->
        <jdbcConnection driverClass = "com.mysql.jdbc.Driver" connectionURL = "jdbc:mysql:///mydb" userId =
                                  "root" password = "root">
        </jdbcConnection>
        <javaTypeResolver>
            <property name = "forceBigDecimals" value = "false"/>
        </javaTypeResolver>
        <!-- 生成模型的包名和位置-->
        <javaModelGenerator targetPackage = "com.test.domain" targetProject = "src">
            <property name = "enableSubPackages" value = "true"/>
            <property name = "trimStrings" value = "true"/>
        </javaModelGenerator>
        <!-- 生成映射文件的包名和位置-->
        <sqlMapGenerator targetPackage = "com.test.mapper" targetProject = "src">
            <property name = "enableSubPackages" value = "true"/>
        </sqlMapGenerator>
        <!-- 生成DAO的包名和位置-->
        <javaClientGenerator type = "XMLMAPPER" targetPackage = "com.test.dao" targetProject = "src">
            <property name = "enableSubPackages" value = "true"/>
        </javaClientGenerator>
        <!-- 要生成的表 tableName是数据库中的表名或视图名，domainObjectName是实体类名-->
        <table tableName = "user" domainObjectName = "User" enableCountByExample = "false"
enableUpdateByExample = "false" enableDeleteByExample = "false" enableSelectByExample = "false"
selectByExampleQueryId = "false"></table>
    </context>
</generatorConfiguration>
```

当以上这些完成之后，只需要打开控制台，进入 lib 目录下，建立 src 文件夹，再执行脚本：Java -jar mybatis-generator-core-1.3.5.jar -configfile generatorConfig.xml –overwrite，如

果成功生成了配制文件，将在 src 下找到相应的实体类、接口、配置文件。

本章小结

本章是 MyBatis 的重点章节，在这章中我们学习了怎样使用映射器配置文件书写 SQL 映射语句，讨论了如何配置简单的语句，一对一以及一对多关系的语句，以及怎样使用 resultMap 进行结果集映射。我们还了解了如何构建动态 SQL 语句，学习了怎样使用注解书写 SQL 映射语句。探讨了怎样使用注解来构建动态 SQL 语句，最后我们学习了使用 MyBatis Generator 自动创建实体类、接口、配置文件。

本章涉及的代码下载地址：https://github.com/bay-chen/ssm2/blob/master/code/mybatis03.rar 和 https://github.com/bay-chen/ssm2/blob/master/code/mybatis03-annotation.rar。

练　习　题

一、选择题

1. 在为 SQL 文件配置映射接口时，以下说法错误的是(　　)。

A．Java 文件的接口名称可自由定义

B．SQL 的语句 id 必须和接口中的方法名相对应

C．SQL 的语句 parameterType 必须和接口中的参数类型相对应

D．SQL 的语句 resultType 必须和接口中的返回值相对应

2. 下面 4 种 Mybatis 标签中，更新操作是(　　)。

A．<select id = "findAllUser" resultType = "hashmap">

B．<insert id = "insertUser" parameterType = "domain.User">

C．<update id = "updateUser" parameterType = "domain.User">

D．<delete id = "delUser" parameterType = "String">

3. 针对如下两种<mapper>配置导入 SQL 映射语句，正确的选择是(　　)。

(1) <mapper resource = "Mapper/UserMapper.xml"/>。

(2) <mapper file = "file:///var/Mapper/UserMapper.xml"/>。

A．都正确　　　B．只有(1)正确　　　C．只有(2)正确　　　D．都不正确

4. 在为 SQL 文件配置映射接口时，以下说法正确的是(　　)。

A．Java 文件的接口名称可自由定义

B．SQL 的语句 id 必须和接口中的方法名相对应

C．SQL 的语句 parameterType 的类型可自由定义

D．SQL 的语句 resultType 和接口中的返回值可不一致

5. 下面 4 种 Mybatis 标签中，删除操作是(　　)。

A．<select id = "findAllUser" resultType = "hashmap">

B．<insert id = "insertUser" parameterType = "domain.User">

C．<update id = "updateUser" parameterType = "domain.User">

D．<delete id = "delUser" parameterType = "String">

二、填空题

1．一个 select SQL 语句可以在______________元素的映射器 XML 配置文件中配置。

2．一个 insert SQL 语句可以在______________元素的映射器 XML 配置文件中配置。

3．一个 update SQL 语句可以在______________元素的映射器 XML 配置文件中配置。

4．一个 delete SQL 语句可以在______________元素的映射器 XML 配置文件中配置。

5．<select>元素里的______________属性表示这个映射在这个命名空间下唯一的标识符，可被其他语句引用。

6．<select>元素里的______________属性表示这个映射传入参数的类型，传给此语句的参数的完整类名或别名。

7．<select>元素里的______________属性表示这个映射返回值类型的完整类名或别名。

8．<select>元素里的______________属性表示引用的外部定义的结果集映射，它与______________不能同时使用。

9．<resultMap>里______________表示 JavaBean 里映射数据库列的字段或属性，________数据库的列名或者列标签别名，与传递给 resultSet.getString(columnName)的参数名称相同。

10．resultMap 除了常用标签外还提供了实例化注入______________元素。

11．我们可以从另外一个<resultMap>拓展出一个新的<resultMap>，这样，原先的属性映射可以______________过来。

12．<resultMap>使用______________元素处理“has-one”(一对一)这种类型关系。

13．<resultMap>可以使用________元素将一对多类型的结果映射到一个对象集合上。

14．和一对一映射一样，我们可以使用嵌套结果______________和嵌套______________语句两种方式映射实现一对多映射。

15．要开启二级缓存，只需要在 SQL 映射文件中加入简单的一行________。

16．在某一个命名空间里可以使用<cache>元素配置或者刷新缓存。但有可能您想要在不同的命名空间里共享同一个缓存配置或者实例。在这种情况下，可以使用________元素来引用另外一个缓存。

17．MyBatis3 使用基于强大的______________表达式消除了大部分元素。

18．动态 SQL 里______________就是简单的条件判断，利用它我们可以实现某些简单的条件选择。

19．有时候我们不想应用所有的条件，而是想从多个选项中选择一个。与 Java 中的

switch 语句相似，MyBatis 提供了一个__________元素，__________元素表示当其中的条件满足的时候就输出其中的内容，当所有的条件都不满足的时候就输出____________中的内容。

20. ____________元素的主要功能是可以在自己包含的内容前加上某些前缀，也可以在其后加上某些后缀，与之对应的属性是______________和______________；也可以把尾部的某些内容覆盖，对应的属性是________________和______________；正因为其有这样的功能，所以我们也可以非常简单地利用它来代替____________元素的功能。

21. ______________元素主要是用在更新操作的时候，它的主要功能和 where 元素其实是差不多的。

22. ______________主要用在构建 in 条件中，它可以在 SQL 语句中迭代一个集合。

23. 可以在 mapper 接口方法上使用_____________________注解来定义一个 SELECT 映射语句。

24. 对于支持 AUTO_INCREMENT 的数据库，可以使用_________________注解的 userGeneratedKeys 和 keyProperty 属性让数据库产生 auto_increment(自增长)列的值。

25. 可以在 mapper 接口方法上使用_____________________注解来定义一个 update 映射语句。

26. 可以在 mapper 接口方法上使用______________________注解来定义一个 delete 映射语句。

27. 可以将查询结果通过别名或者是______________注解与 JavaBean 属性映射起来。

28. MyBatis 提供了__________注解来使用嵌套 select 语句(Nested-Select)加载一对一关联查询数据。

29. MyBatis 提供了_________注解，用来使用嵌套 select 语句加载一对多关联查询。

30. MyBatis 使用____注解创建动态的 select 语句。

31. MyBatis 使用____注解创建动态的 insert 语句。

32. MyBatis 使用____注解创建动态的 update 语句。

33. MyBatis 使用____注解创建动态的 delete 语句。

三、问答题

1. MyBatis 的接口绑定有什么好处？
2. #{...}和${...} 的区别是什么？
3. MyBatis 如何加载一个联合查询？
4. 简述“N+1”问题的产生。
5. 以班级(classId，className)和学生(stuNo，stuName，classId)为例，说明 MyBatis 中一对多查询的配置过程。
6. 简述 MyBatis 编程和 JDBC 编程的不同之处。

第四章　Spring 核心技术

Spring 是一个功能强大的开源框架，它为企业级开发提供了丰富的功能，但是这些功能的底层都依赖于它的两个核心特性，也就是依赖注入(Dependency Injection，DI)和面向切面编程(Aspect-Oriented Programming，AOP)。

本章介绍了 Spring 框架，包括 Spring DI 和 AOP 的概况以及它们是如何帮助读者解耦应用组件的；在“装配 Bean”中，我们将深入探讨如何将应用中的各个组件拼装在一起，读者将会看到 Spring 所提供的自动配置、基于 Java 的配置、XML 配置以及高级装配；在“面向切面的 Spring”中，展示如何使用 Spring 的 AOP 特性把系统级的服务(例如事务、日志、审计)从它们所服务的对象中解耦出来。

本章知识要点

- Spring 开发环境的搭建；
- 依赖注入；
- 面向切面编程。

4.1　Spring 简介

Spring 是一个开源框架，最早由 Rod Johnson 创建，并在《Expert One-on-One：J2EE Design and Development》(http://amzn.com/076454385)这本著作中进行了介绍。Spring 是为了解决企业级应用开发的复杂性而创建的，使用 Spring 可以让简单的 POJO 实现之前只有 EJB 才能完成的事情。但 Spring 不仅仅局限于服务器端开发，任何 Java 应用都能在简单性、可测试性和松耦合等方面从 Spring 中获益。

4.1.1　Sping 的核心模块

Spring 框架大约由 20 个功能模块组成，这些模块分别被分组到 Core Container、Data Access/Integration、Web、AOP(面向切面的编程)、Instrumentation、Messaging 和 Test 中，其结构如图 4-1 所示。

组成 Spring 框架的每个模块(或组件)都可以单独存在，或者与其他一个或多个模块联合实现。每个模块的功能如下：

(1) Spring Core：核心容器提供了 Spring 的基本功能。核心容器的核心功能是用 IoC 容器来管理类的依赖关系。Spring 采用的模式是调用者不理会被调用者的实例的创建，由 Spring 容器负责被调用者实例的创建和维护，需要时注入给调用者。这是目前最优秀的解耦模式。

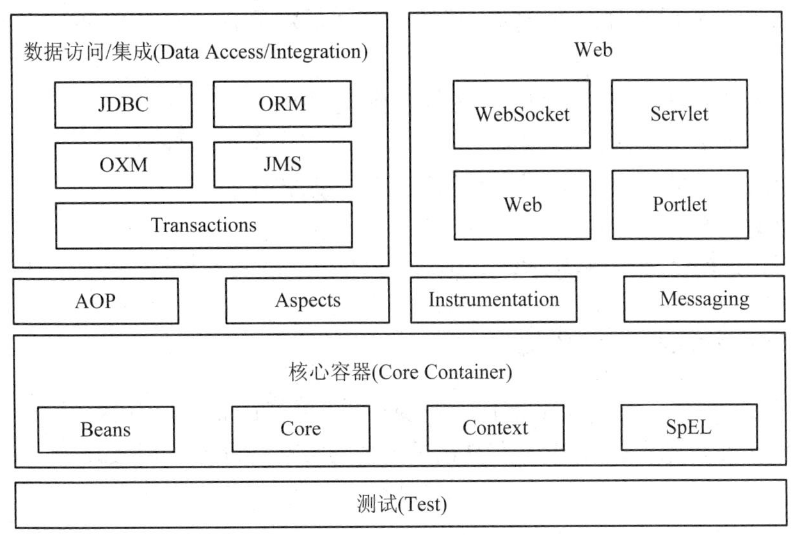

图 4-1　Spring 框架概览

(2) Spring AOP：Spring 的 AOP 模块提供了面向切面编程的支持。Spring AOP 采用的是纯 Java 实现方案。Spring AOP 采用基于代理的 AOP 实现方案，AOP 代理由 IoC 容器负责生成、管理。依赖关系也一并由 IoC 容器管理。尽管如此，Spring IoC 容器并不依赖于 AOP，这样我们可以自由选择是否使用 AOP。

(3) Spring ORM：提供了与多个第三方持久层框架的良好整合。

(4) Spring DAO：Spring 进一步简化 DAO 的开发步骤，能以一致的方式使用数据库访问技术，用统一的方式调用事务管理，避免具体的实现侵入业务逻辑层的代码中。

(5) Spring Context：这是一个配置文件，为 Spring 提供上下文信息，并提供了框架式的对象访问方法。Context 为 Spring 提供了一些服务支持，如国际化(i18n)、电子邮件、校验和调度等功能。

(6) Spring Web：提供了基础的针对 Web 开发的集成特性，例如多方文件上传，利用 Servlet listeners 进行 IoC 容器初始化和针对 Web 的 applicationContext。

(7) Spring MVC：提供了 Web 应用的 MVC 实现。Spring 的 MVC 框架并不是仅仅提供一种传统的实现方案，而是在领域模型代码和 Web form 之间提供了一种清晰的分离模型，并且还可以借助 Spring 框架的其他特性。

(8) 消息传递：Spring 框架包含的 spring-messaging 模块带有一些来自 Message、MessageChannel、MessageHandler 等 Spring Integration 对象的关键抽象，它们被用于基于消息传递应用的服务基础。这个模块映射包含了一组用于消息映射的方法注释，类似于基于编程模式的 Spring MVC 注解。

4.1.2　Spring 框架的优势

Spring 是一个开源框架，是为了解决企业应用程序开发的复杂性而创建的。框架的主要优势之一就是其分层架构。分层架构允许根据项目需要选择使用 Spring 模块组件，同时为 J2EE 应用程序开发提供集成的框架。关于 Spring 框架可概括如下：

(1) 提供了一种管理对象的方法，可以把中间层对象有效地组织起来，可以称为一个完美的框架“黏合剂”；

(2) 采用了分层结构，可以增量引入模块到项目中；

(3) 编写代码易于测试；

(4) 非侵入性，应用程序最小限度地依赖 Spring API；

(5) 一致的数据访问接口；

(6) 一个轻量级的架构解决方案。

4.1.3 Spring 开发环境的搭建

在讲述 Spring 容器装配 Bean 之前，需要先搭建好 Spring 的开发环境。

(1) 在 Spring 官网下载 Spring 开发包，下载地址为：http://spring.io/projects，如图 4-2 所示。

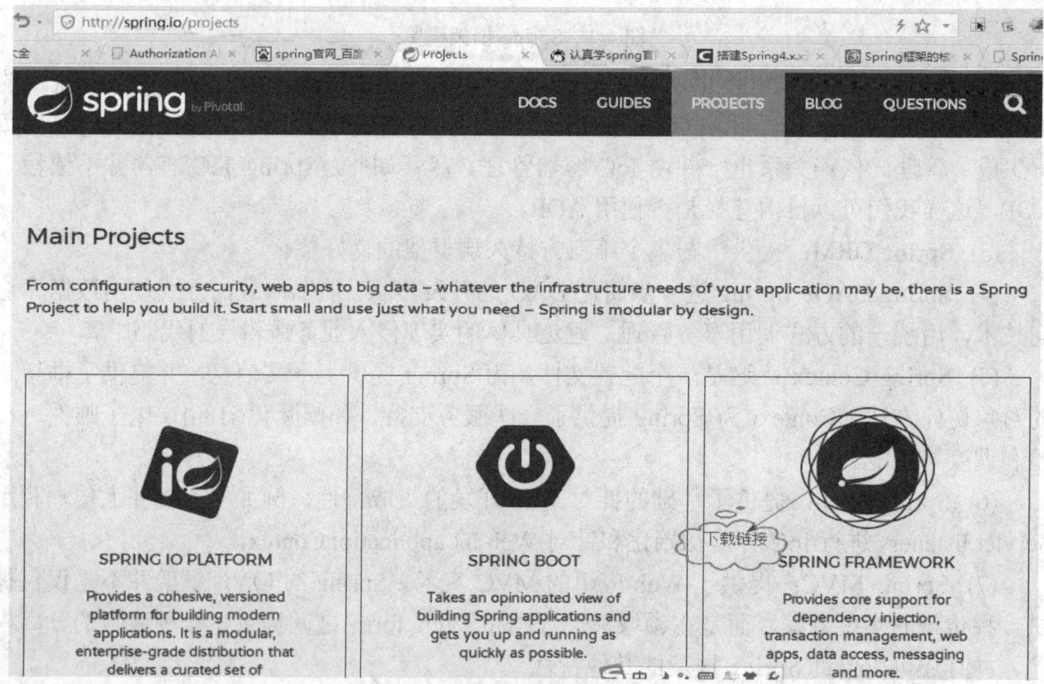

图 4-2　Spring 开发包下载页面

(2) 在 Eclipse 中新建 Java Web 项目 SpringTest，解压 Spring 开发包，在子文件夹 libs 中复制如下 jar 包：

spring-core-5.2.0.RELEASE.jar
spring-beans-5.2.0.RELEASE.jar
spring-context-5.2.00.RELEASE.jar
spring-expression-5.2.0.RELEASE.jar

(3) 在项目 src 文件夹下创建 Spring 配置文件 applicationContext.xml，代码如下：

```
<?xml version = "1.0" encoding = "UTF-8"?>
```

```
<beans xmlns = "http://www.springframework.org/schema/beans"
    xmlns:xsi = "http://www.w3.org/2001/XMLSchema-instance"
    xsi:schemaLocation = "http://www.springframework.org/schema/beans
        http://www.springframework.org/schema/beans/spring-beans.xsd">
</beans>
```

(4) 编写测试代码 SpringTest 如下：

```
@RunWith(SpringJUnit4ClassRunner.class)
@ContextConfiguration(locations = { "classpath:applicationContext.xml" })
public class SpringTest {
    @Test
    public void test() {
        System.out.println("spring开发环境搭建成功！");
    }
}
```

运行测试 test 方法，结果如图 4-3 所示。

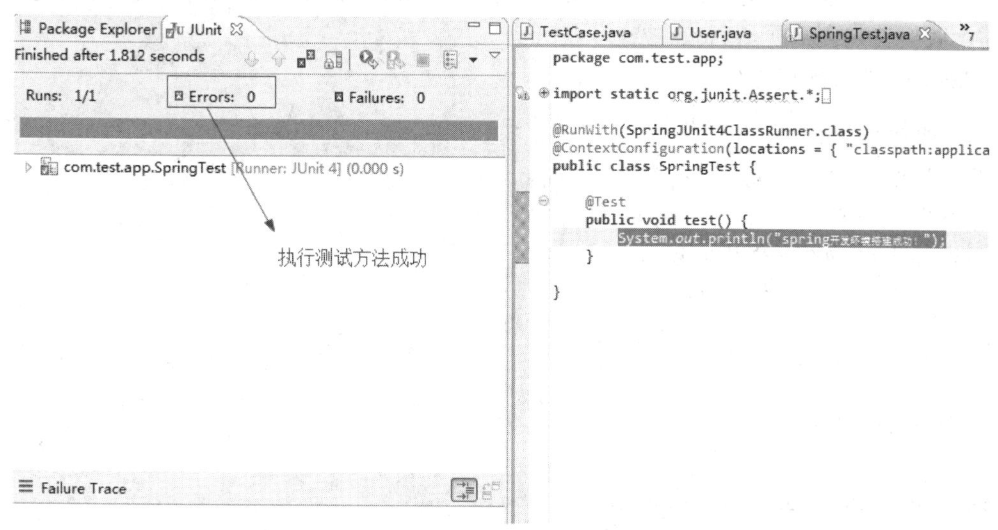

图 4-3　运行测试 test 方法的运行结果

从运行测试结果看无错误，表示 Spring 开发环境搭建成功。

4.2　控制反转(IoC)

4.2.1　IoC 的基本概念

控制反转(Inversion of Control，IoC)是一个重要的面向对象编程的法则，用来削减计算机程序的耦合问题，也是轻量级 Spring 框架的核心。DI(依赖注入)其实就是 IoC 的另外一种说法，DI 是由 Martin Fowler 在 2004 年年初的一篇论文中首次提出的。他总结：控制的什么被反转了？就是获得依赖对象的方式被反转了。

组件之间的依赖关系由容器在运行期决定，形象地说，依赖注入即由容器动态地将某个依赖关系注入组件之中。依赖注入的目的并非为软件系统带来更多功能，而是为了提升组件重用的频率，并为系统搭建一个灵活、可扩展的平台。通过依赖注入机制，我们只需要进行简单的配置，而无须任何代码就可指定目标需要的资源，完成自身的业务逻辑，而不需要关心具体的资源来自何处，由谁实现。理解依赖注入的关键是“谁依赖谁，为什么需要依赖，谁注入谁，注入了什么”，下面我们来深入分析这些概念。

(1) 谁依赖于谁：当然是应用程序依赖于 IoC 容器；

(2) 为什么需要依赖：应用程序需要 IoC 容器来提供对象需要的外部资源；

(3) 谁注入谁：很明显是 IoC 容器注入应用程序某个对象，该对象是应用程序依赖的对象；

(4) 注入了什么：就是注入某个对象所需要的外部资源(包括对象、资源、常量数据)。

现在我们通过一个实例来理解 DI，电影《墨攻》的一个场景：刘德华所饰演的墨者革离角色到达梁国都城下，城上梁国守军问道：“来者何人？”刘德华回答：“墨者革离！”革离是电影《墨攻》的男主角，我们不妨通过一个 Java 类为这个“城门叩问”的场景进行描述。我们首先创建演员 Actor 类。

Actor 类的实现代码如下：

```
package com.ssm.chapter4.ioc;
public class Actor{
    private String name;
    public void responseAsk(String s){
        System.out.println("我是"+s);
    }
    public Actor(String name){
        this.name = name;
    }
    public void setName(String name){
        this.name = name;
    }
    public String getName(){
        return name;
    }
}
```

Actor 类定义了一个演员姓名的成员变量 name，添加了 name 属性的 getter 和 setter 方法，定义一个公有的构造方法，初始化演员的名字。

我们还要定义一个剧本类 MoAttack(墨攻)，代码如下：

```
package com.ssm.chapter4;
```

```
public class MoAttack {
    public void cityGateAsk(){
        Actor actor = new Actor("刘德华");
        actor.responseAsk("墨者革离");
    }
}
```

我们会发现在 MoAttack 类中的 cityGateAsk()方法中，作为具体角色“墨者革离”的饰演者刘德华对象直接侵入到剧本中，使剧本和演员直接耦合在一起，如图 4-4 所示。

图 4-4　剧本和演员直接耦合

一个明智的编剧在剧情创作时应围绕故事中的角色进行，而不应考虑角色的具体饰演者，这样才可能在剧本投拍时自由地遴选任何适合的演员，而非绑定在演员刘德华一人身上。通过以上的分析，我们知道需要为该剧本主人公“革离”定义一个接口 GeLi，在 GeLi 接口中定义然后抽象方法 responseAsk(Strings)，修改 Actor 类代码实现 GeLi 接口，代码如下：

```
package com.ssm.chapter4;
public interface GeLi {
    void responseAsk(String s);
}
public class Actor implements GeLi {
    private String name;
    @override
    public void responseAsk(String s){
        System.out.println("我是"+s);
    }
    public Actor(String name){
        this.name = name;
    }
    public void setName(String name){
        this.name = name;
    }
    public String getName(){
        return name;
    }
}
//MoAttack：引入剧本角色
```

```
package com.ssm.chapter4;
public class MoAttack {
    private GeLi geLi;
    public setGeLi(Actor actor){
        this. geLi = actor;
    }
    public void cityGateAsk(){
        geLi.responseAsk("墨者革离");
    }
}
```

在 MoAttack 类添加处引入了剧本的 geLi 属性，剧本的情节通过角色展开，在拍摄时角色通过 setGeLi()方法注入 Actor 对象扮演 GeLi 角色就可以了。因此墨攻、革离、演员三者的类图关系如图 4-5 所示。

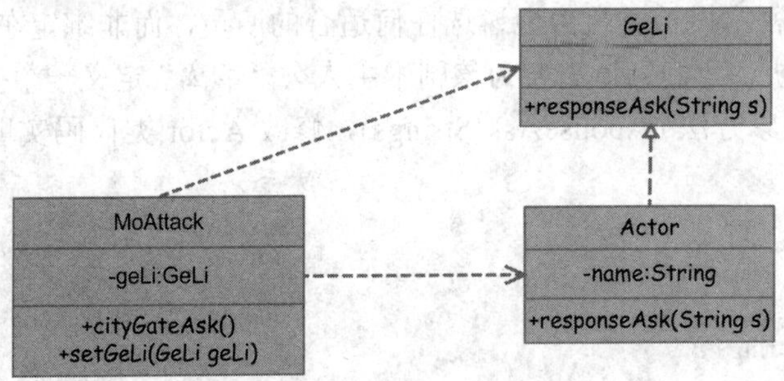

图 4-5　引入角色接口的关系

从图 4-5 中，我们可以看出 MoAttack 同时依赖于 GeLi 接口和 Actor 类，并没有达到我们期望的剧本仅依赖于角色的目的。但是角色最终必须通过具体的演员才能完成拍摄，如何让演员和剧本无关而又能完成 GeLi 的具体动作呢？当然是在影片投拍时，导演将 Actor 对象(刘德华)安排在 GeLi 的角色上，也可以安排其他演员扮演 GeLi 角色，于是导演将剧本、角色、饰演者装配起来，如图 4-6 所示。

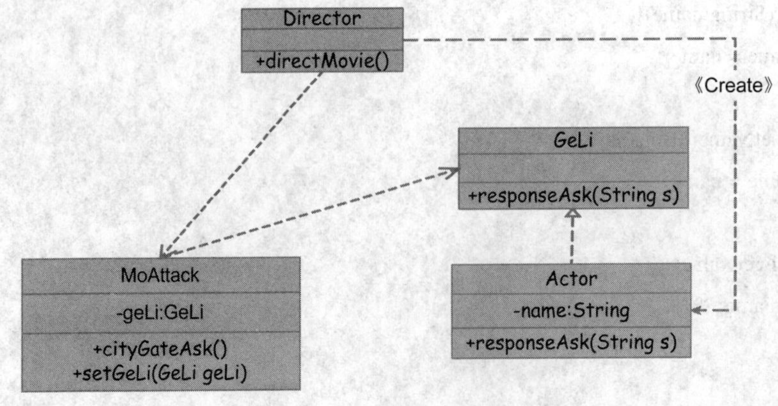

图 4-6　剧本和演员解耦

通过引入导演，使剧本和具体饰演者解耦，对应到软件中，导演像是一个装配器，安排演员表演具体的角色。现在我们来讲解 IoC 的概念，IoC(Inverse of Control)的字面意思是控制反转，它包括两个内容：一是控制，二是反转。那到底是什么东西的“控制”被“反转”了呢？对应到前面的例子，“控制”是指选择 GeLi 角色扮演者的控制权；“反转”是指这种控制权从《墨攻》剧本中移除，转交到导演的手中。对于软件来说，即是某一接口具体实现类的选择控制权从调用类中移除，转交给第三方决定，因为 IoC 概念隐晦，所以业界曾进行了广泛的讨论，最终软件界的泰斗级人物 Martin Fowler 提出了 DI(依赖注入：Dependency Injection)的概念用以代替 IoC，即让调用类对某一接口实现类的依赖关系由第三方(容器或协作类)注入，以移除调用类对某一接口实现类的依赖。

4.2.2　Spring IoC 容器

1．Spring 容器介绍

Spring 有两个核心接口：BeanFactory 和 ApplicationContext，其中 ApplicationContext 是 BeanFactory 的子接口。它们都可以代表 Spring 容器，Spring 容器是生成 Bean 实例的工厂，并且管理容器中的 Bean。

在应用中的所有组件，都处于 Spring 的管理下，都被 Spring 以 Bean 的方式管理，Spring 负责创建 Bean 实例，并管理它们的生命周期。Bean 在 Spring 容器中运行，无须考虑 Spring 容器的存在，一样可以接受 Spring 的依赖注入，包括 Bean 属性的注入、协作者的注入、依赖关系的注入等。

在 Spring 配置文件中配置好所有的组件，当 ApplicationContex 创建和初始化完成后，就可以执行系统或应用程序了，Spring 框架运行的高级视图如图 4-7 所示。

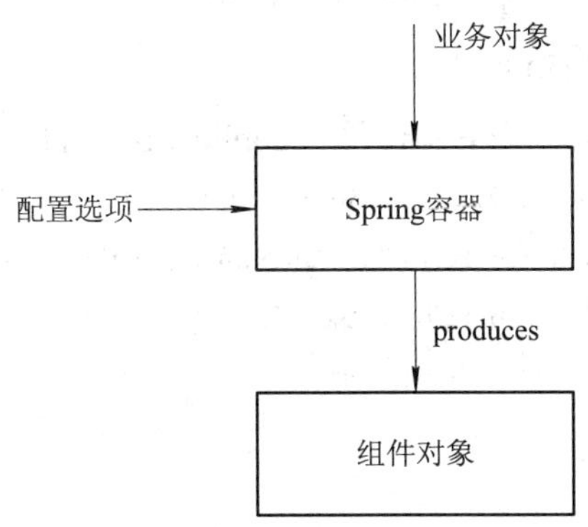

图 4.7　Spring IoC 容器

2．基于 XML 配置的元数据

基于 XML 配置的代码如下：

```
<?xml version = "1.0" encoding = "UTF-8"?>
<beans xmlns = "http://www.springframework.org/schema/beans"
    xmlns:xsi = "http://www.w3.org/2001/XMLSchema-instance"
```

```
    xmlns:aop = "http://www.springframework.org/schema/aop"
    xmlns:context = "http://www.springframework.org/schema/context"
    xmlns:tx = "http://www.springframework.org/schema/tx"
    xsi:schemaLocation = "http://www.springframework.org/schema/beans
                          http://www.springframework.org/schema/beans/spring-beans.xsd
                          http://www.springframework.org/schema/aop
                          http://www.springframework.org/schema/aop/spring-aop.xsd
                          http://www.springframework.org/schema/context
                          http://www.springframework.org/schema/context/spring-context.xsd
                          http://www.springframework.org/schema/tx
                          http://www.springframework.org/schema/tx/spring-tx.xsd">
    <bean id="date" class="java.util.Date"></bean>
</beans>
```

以上代码就是 Spring 基于 XML 配置的元数据。

3．配置 Bean

使用<bean>元素配置 Bean，设置属性 id 和 class，分别表示 Bean 对象的唯一标识符和类型。例如在 Spring 中配置 id 为“date”的 Date 对象，代码片段如下：

```
<bean id="date" class="java.util.Date"></bean>
```

4．实例化容器对象

实例化容器对象的代码如下：

```
ApplicationContext applicationContext = new ClassPathXmlApplicationContext(
                        new String[]{"applicationContext.xml"});
```

5．使用容器对象获得 Bean 对象

我们可以从容器中获取一个 Bean。通过 applicationContext 的 getBean 方法，上面 Spring 配置文件中已经有一个名为“*date*”的 Bean，可以通过下面的代码得到 *date* 对象：

```
ApplicationContext applicationContext = new ClassPathXmlApplicationContext(
                new String[]{"applicationContext.xml"});
Date date = (Date) applicationContext.getBean("date ");
```

4.2.3 Bean 生命周期

Spring 5 中为 Bean 定义了 4 种作用域，分别为 singleton(单例)、prototype(原型)、request 和 session。

1．singleton 作用域

singleton 为单例模式。Spring IoC 容器中只会存在一个共享的 Bean 实例，无论有多少个 Bean 引用它，它始终指向同一对象。该模式在多线程下是不安全的。singleton 作用域是Spring 中的缺省作用域，也可以显式地将Bean定义为singleton模式。singleton在Spring

中配置如下：

```
<bean id="userDao" class="com.ssm.chapter4.UserDaoImpl" scope="singleton"/>
```

2．prototype 作用域

prototype 为原型模式。每次通过 Spring 容器获取 prototype 定义的 bean 时，容器都将创建一个新的 Bean 实例，每个 Bean 实例都有自己的属性和状态，而 singleton 全局只有一个对象。根据经验，对有状态的Bean 使用 prototype 作用域，而对无状态的Bean 使用 singleton 作用域。prototype 在 Spring 中配置如下：

```
<bean id="userPreference" class="com.ioc.UserPreference" scope="prototype"/>
```

3．request 作用域

在 request 域，在一次 Http 请求中，容器会返回该 Bean 的同一实例。而对不同的 Http 请求则会产生新的 Bean，而且该 Bean 仅在当前 Http Request 内有效，当前 Http 请求结束，该 Bean 实例也将会被销毁。request 在 Spring 中配置如下：

```
<bean id="loginAction" class="com.cnblogs.Login" scope="request"/>
```

4．session 作用域

在一次 Http Session(会话)中，容器会返回该 Bean 的同一实例。而对不同的 session 请求则会创建新的实例，该Bean 实例仅在当前 session 内有效。同 Http 请求相同，每一次 session 请求创建新的实例，而不同的实例之间不共享属性，且实例仅在自己的 session 请求内有效，请求结束，则实例将被销毁。session 在 Spring 中配置如下：

```
<bean id="userPreference" class="com.ioc.UserPreference" scope="session"/>
```

4.2.4　依赖注入的类型

从注入方法上看，可以将依赖注入划分为四种类型：构造方法注入、属性注入、静态工厂注入和实例工厂注入。下面将会分别介绍这四种依赖注入方法。

1．构造方法注入

通过构造函数注入革离扮演者，代码如下：

```
package com.ssm.chapter4.ioc;
public class MoAttack
{
    GeLi geLi;
    public MoAttack(GeLi geLi){
        this.geLi = geLi;
    }
    public void cityGateAsk(){
        geLi.responseAsk("墨者革离");
    }
}
```

在 applicationContext.xml 配置文件中，通过 MoAttack 类的带参数构造方法注入 geLi 属性，通过<bean>元素配置 geLi 和 moAttack 两个 bean，在 moAttack bean 中添加子元素<constructor-arg>设置构造方法的参数，实现初始化 moAttack 对象的成员变量，代码片段如下：

```
<bean id="geLi" class="com.ssm.chapter4.Actor"></bean>
<bean id="moAttack" class="com.ssm.chapter4.MoAttack">
    <constructor-arg name="geLi" ref="geLi"></constructor-arg>
</bean>
```

创建一个测试类 Director 类，完成电影《墨攻》的城门叩问场景，代码如下：

```
public class Director {
    public static void main(String[] args) {
        //创建 Spring 容器对象
        ApplicationContext context = new ClassPathXmlApplicationContext("applicationContext.xml");
        //获取 MoAttack(墨攻电影)对象
        MoAttack moAttack = context.getBean(MoAttack.class,"moAttack");
        moAttack.cityGateAsk();//城门叩问场景
    }
```

在 Director 类的 main 方法中，创建一个 Spring 容器对象，从容器中获取一个 MoAttack 类对象 moAttack，moAttack 对象的属性 geLi 角色通过构造方法注入初始化，然后 moAttack 调用 cityGateAsk()完成城门叩问的场景。

2. 属性注入

在上面的例子中并没有指定哪位演员扮演 GeLi 角色，可以在 Actor 类中添加 name 属性，同时添加 name 属性的 get 和 set 方法。通过 Spring 容器的属性注入功能实现 Actor 类的 name 属性的初始化。

```
public class Actor implements GeLi {
    private String name;
    public String getName() {
        return name;
    }
    public void setName(String name) {
        this.name = name;
    }
    @Override
    public void responseAsk(String s) {
        System.out.println("我是"+s);
    }
}
```

在 applicationContext.xml 配置文件中，在<bean>元素中添加<property>子元素，配置

name 属性，设置 geLi 角色扮演者为刘德华，代码片段如下：

```
<bean id="geLi" class="com.ssm.chapter4.Actor">
    <property name="name" value="刘德华"></property>
</bean>
```

3．静态工厂注入

静态工厂顾名思义就是通过调用静态工厂的方法来获取自己需要的对象，为了让 spring 管理所有对象，我们不能直接通过"工程类.静态方法()"来获取对象，而是需要通过 spring 注入的形式获取，代码片段如下：

```
//静态工厂
public class DaoFactory {
    public static UserDao getUserDaoImpl(){
        return new UserDaoImpl();
    }
}
public class SpringAction {
    private FactoryDao staticFactoryDao; //注入对象
    //注入对象的 set 方法
    public void setStaticFactoryDao(FactoryDao staticFactoryDao) {
        this.staticFactoryDao = staticFactoryDao;
    }
}
public interface ActorArrangable {
    void injectGeLi(GeLi geLi);
}
```

在 applicationContext.xml 配置文件中，配置 SpringAction 和 DaoFactory Bean，在 DaoFacotry Bean 中设置属性 factory-method 指定工厂方法，代码片段如下：

```
<bean name="springAction" class=" com.ssm.chapter4.SpringAction" >
<!--使用静态工厂的方法注入对象,对应下面的配置文件-->
    <property name="staticFactoryDao" ref="staticFactoryDao"></property>
</bean>
<!--此处获取对象的方式是从工厂类中获取静态方法-->
<bean name="staticFactoryDao" class=" com.ssm.chapter4.DaoFactory"
    factory-method="getStaticFactoryDaoImpl">
</bean>
```

4．实例工厂注入

实例工厂指获取对象实例的方法不是静态的，需要首先 new 关键字生成工厂类对象，然后调用工厂对象的成员方法。代码片段如下：

```
public class DaoFactory { //实例工厂
```

```
    public FactoryDao getFactoryDaoImpl(){
        return new FactoryDaoImpl();
    }
}
public class SpringAction {
    private FactoryDao factoryDao; //注入对象
    public void setFactoryDao(FactoryDao factoryDao) {
        this.factoryDao = factoryDao;
    }
}
```

在 applicationContext.xml 中，通过工厂实例对象的实例方法获取注入 Bean 时，首先配置工厂实例 daoFactory Bean，然后配置 factoryDao bean，在 factory Bean 中设置 factory-bean 属性指定工厂实例对象，设置 factory-method 指定工厂方法获取对象，相关配置的代码片段如下：

```
<bean name="springAction" class=" com.ssm.chapter4.SpringAction">
    <!--使用实例工厂的方法注入对象,对应下面的配置文件-->
    <property name="factoryDao" ref="factoryDao"></property>
</bean>
<!--此处获取对象的方式是从工厂类中获取实例方法-->
<bean name="daoFactory" class=" com.ssm.chapter4.DaoFactory"></bean>
<bean name="factoryDao"   factory-bean="daoFactory"   factory-method="getFactoryDaoImpl"></bean>
```

4.3 Bean 的装配

在基于 Sping 的应用中，容器可以创建、装配和配置应用组件，在容器中的对象称为 Bean。

4.3.1 Spring 装配 Bean 的方案

Spring 容器负责创建应用程序中的 Bean，并通过 DI 来协调这些对象之间的关系。但是开发人员需要告诉 Spring 要创建哪些 Bean，并且如何将其装配在一起。当描述 Bean 如何进行装配时，Spring 具有非常大的灵活性，它提供了三种主要的装配机制：

(1) 在 XML 中进行显式配置；

(2) 在 Java 中进行显式配置；

(3) 隐式的 Bean 发现机制和自动装配。

用户可根据自己的喜好选择装配方式。

4.3.2 自动化装配 Bean

借助 Java 和 XML 来进行 Spring 装配，尽管这些显式装配技术非常有用，但是在便利性方面，最强大的还是 Spring 的自动化配置。Spring 从两个角度来实现自动化装配，组件扫描(component scanning)和自动装配(autowiring)。

为了阐述组件扫描和自动装配，我们需要创建几个 Bean，它们代表了一个用户管理模块中的组件。我们创建 UserDao 类，UserService 类，代码片段如下：

```
<bean name="daoFactory" class=" com.ssm.chapter4.DaoFactory"></bean>
public interface UserDao {
    public void save(User user);
}
public class UserDaoImpl implements UserDao {
    @Override
    public void save(User user) {
        System.out.println("save user:"+user);
    }
}
public interface UserService {
    public void save(User user);
}
public class UserServiceImpl implements UserService{
    private UserDao userDao;
    public UserDao getUserDao() {
        return userDao;
    }
    public void setUserDao(UserDao userDao) {
        this.userDao = userDao;
    }
    @Override
    public void save(User user) {
        userDao.save(user);
    }
}
```

在 Spring 中配置 userDao 和 userService 两个 Bean，代码片段如下：

```
<bean id="userDao" class="com.ssm.chapter4.UserDaoImpl"></bean>
<bean id="userService" class="com.ssm.chapter4.UserServiceImpl"></bean>
```

1．自动装配(autowiring)

自动装配有五种方式，可以指导 Spring 容器用自动装配方式来进行依赖注入。

设置<beans>的 default-autowire 值指定自动装配方式，它的取值有 no、byName、byType 以及 constructor。

(1) no：默认的方式是不进行自动装配。Spring 容器中 userService Bean 的 userDao 属

性没有自动装配，需要显式设置 ref 属性。代码片段如下：

```
<bean id="userService" class="com.ssm.chapter4.UserServiceImpl">
    <property name="userDao" ref="userDao"></property>
</bean>
```

(2) byName：通过参数名自动装配。Spring 容器在配置文件中发现 bean 的 autowire 属性被设置成 byname，之后容器试图匹配、装配和该 bean 的属性具有相同名字的 bean。default-autowire 设置和相关 Bean 配置代码片段如下：

```
<beans xmlns="http://www.springframework.org/schema/beans"
    xmlns:xsi="http://www.w3.org/2001/XMLSchema-instance"
    xmlns:util="http://www.springframework.org/schema/util"
    xmlns:context="http://www.springframework.org/schema/context"
    xsi:schemaLocation="http://www.springframework.org/schema/beans
        https://www.springframework.org/schema/beans/spring-beans.xsd
        http://www.springframework.org/schema/util
        https://www.springframework.org/schema/util/spring-util.xsd
        http://www.springframework.org/schema/context
        https://www.springframework.org/schema/context/spring-context.xsd" default-autowire="byName">
<bean id="userDao" class="com.ssm.chapter4.UserDaoImpl"></bean>
<bean id="userService" class="com.ssm.chapter4.UserServiceImpl"></bean>
</beans>
```

创建测试类 AutoWiredTest，在 main 方法中获取 userService 对象，调用该对象的 save()，代码片段如下：

```
ApplicationContext    context    =
            new ClassPathXmlApplicationContext("applicationContext.xml");
UserService userService = context.getBean(UserService.class,"userService");
userService.save(new User("zhangsan", "123456"));
```

运行结果如下：

```
save user:User [username=zhangsan, password=123456]
```

(3) byType：通过参数类型自动装配。Spring 容器在配置文件中发现 bean 的 autowire 属性被设置成 byType，之后容器试图匹配、装配和该 bean 的属性具有相同类型的 bean，如果有多个 bean 符合条件，则抛出错误。

(4) constructor：这个方式类似于 byType，但是要提供给构造器参数，如果没有确定的带参数的构造器参数类型，将会抛出异常。如果通过构造器自动装配 userService Bean 的 userDao 属性，需要在 UserServiceImpl 类添加带参构造方法初始化 userDao 属性。代码片段如下：

```
//UserServiceImpl 类添加带参构造方法
public UserServiceImpl(UserDao userDao) {
    this.userDao = userDao;
}
```

(5) default：继承外层<beans>的 autowired 值，如果没有则不进行自动装配，一般用于 Bean 的配置上。

2．组件扫描(component scanning)

(1) 启用组件扫描和注解结合可实现自动装配。Spring 组件扫描默认是不启用的。我们还需要显式配置一下 Spring，从而命令它去寻找带有@Component 注解的类，并为其创建 Bean。代码片段如下：

```
@Configuration //用于定义配置类，可替换 xml 配置文件
@ComponentScan
public class UserManageConfig {
}
```

类 UserManageConfig 通过 java 代码定义了 Spring 装配规则，不过 UserManageConfig 并没有显式声明任何 Bean，只是在类级别上使用了@ComponentScan，这个注解能够在 Spring 中启用组件扫描。

如果想要使用 XML 来启用组件扫描的话，那么可以使用 Spring context 命名空间的<context:component-scan>元素。代码片段如下：

```
<?xml version="1.0" encoding="UTF-8" ?>
<beans xmlns="http://www.springframework.org/schema/beans"
    xmlns:xsi="http://www.w3.org/2001/XMLSchema-instance"
    xmlns:util="http://www.springframework.org/schema/util"
    xmlns:context="http://www.springframework.org/schema/context"
    xsi:schemaLocation="http://www.springframework.org/schema/beans
        https://www.springframework.org/schema/beans/spring-beans.xsd
        http://www.springframework.org/schema/util
        https://www.springframework.org/schema/util/spring-util.xsd
        http://www.springframework.org/schema/context
        https://www.springframework.org/schema/context/spring-context.xsd" default-autowire="constructor">
    <context:component-scan base-package="com.ssm.chapter4"></context:component-scan>
</beans>
```

(2) 在 UserDaoImpl 和 UserServiceImpl 类上添加@Component。@Component 的作用是将类标识为 Spring 上下文中的一个组件(Bean)。如果没有其他配置的话，@ComponentScan 默认会扫描与配置类相同的包。因为 UserManageConfig 类位于 com.ssm.chapter4 包中，因此 Spring 将会扫描这个包以及这个包下的所有子包，查找带有@Component 注解的类。这样的话，就能发现 UserDaoImpl 和 UserServiceImpl，并且会在 Spring 中自动为其创建一个 bean，默认名称分别为 userDaoImpl 和 userServiceImpl。代码片段如下：

```
@Component
public class UserDaoImpl implements UserDao {
    @Override
```

```
    public void save(User user) {
        System.out.println("save user:"+user);
    }
}
@Component
public class UserServiceImpl implements UserService {

    private UserDao userDao;
    @Override
    public void save(User user) {
        userDao.save(user);
    }
//userDao 的 get 和 set 方法省略
}
```

(3) 设置组件扫描的 Bean 名，代码片段如下：

```
@Component("userDao")
public class UserDaoImpl implements UserDao {

    @Override
    public void save(User user) {
        System.out.println("save user:"+user);
    }
}
```

(4) 设置组件扫描基础包，代码片段如下：

```
@Configuration//@Configuration 用于定义配置类，可替换 xml 配置文件
@ComponentScan("com.ssm.chapter4")
public class UserManageConfig {
}
```

如果想更加清晰地表明你所设置的是基础包，那么你可以通过 basePackages 属性进行配置，代码片段如下：

```
@Configuration//@Configuration 用于定义配置类，可替换 xml 配置文件
@ComponentScan(basePackages="com.ssm.chapter4")
public class UserManageConfig {
}
```

可能你已经注意到了 basePackages 属性使用的是复数形式，可以设置多个基础包。如果想要这么做的话，只需要将 basePackages 属性设置为要扫描包的一个数组即可，比如设置扫描“com.ssm.chapter4”“com.ssm.action”的组件，代码片段如下：

```
@Configuration//@Configuration 用于定义配置类，可替换 xml 配置文件
```

```
@ComponentScan(basePackages={"com.ssm.chapter4","com.ssm.action"})
public class UserManageConfig {
}
```

(5) @Repository、@Service 和@Controller。@Repository 用于将数据访问层(DAO 层)的类标识为 Spring Bean；@Service 通常作用在业务层，目前该功能与 @Component 相同。@Constroller 通常作用在控制层，目前该功能与@Component 相同。比如将 UserDaoImpl 和 UserServiceImpl 和 UserAction 类标识为 Spring 上下文管理的 Bean，代码片段如下：

```
@Repository("userDao")
public class UserDaoImpl implements UserDao {
    @Override
    public void save(User user) {
        System.out.println("save user:"+user);
    }
}
@Service("userService")
public class UserServiceImpl implements UserService {
    @Autowired
    private UserDao userDao;
    @Override
    public void save(User user) {
        userDao.save(user);
    }
    public UserDao getUserDao() {
        return userDao;
    }
    public UserServiceImpl(UserDao userDao) {
        this.userDao = userDao;
    }
}
@Controller("userAction")
public class UserAction {
    @Autowired
    private UserService userService;
    public void save(){
        userService.save(new User("zhangssn","123456"))
    }
}
```

(6) 创建测试类 UserManageTest，注入 userAction，调用 userAction 的 save()，代码和

运行结果如图 4-8 所示。

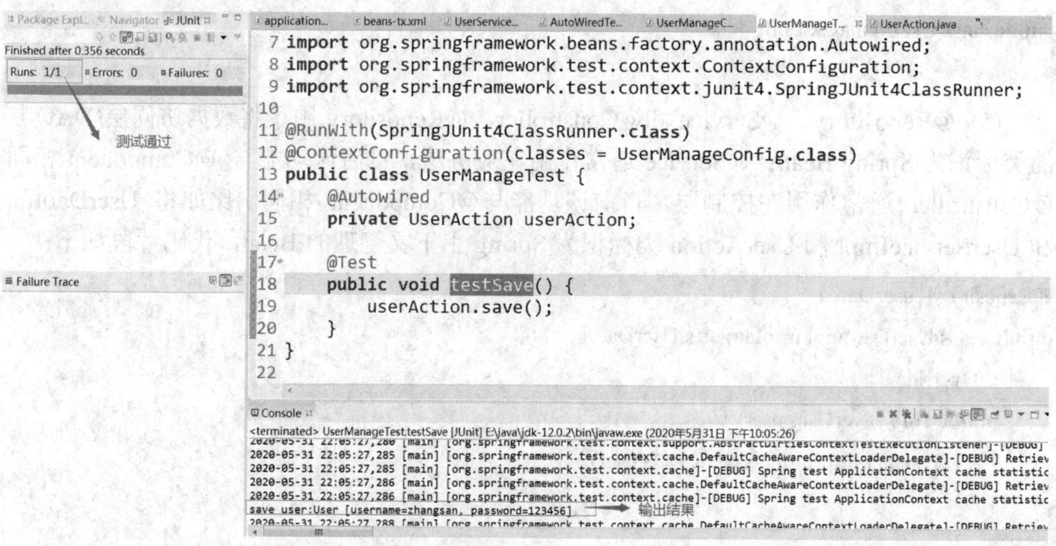

图 4-8　测试 UserAction 的 save()方法

UserManageTest 使用了 Spring 的 SpringJUnit4ClassRunner，以便在测试开始的时候自动创建 Spring 的应用上下文。注解@ContextConfiguration 会告诉它需要在 UserManageConfig 中加载配置。因为 UserManageConfig 类中包含了@ComponentScan，因此最终的应用上下文中应该包含 UserDaoImpl 和 UserServiceImpl Bean。在测试类有 userAction 属性，并注解为@Autowired，Spring 应用上下文默认通过类型自动注入。

4.3.3　通过 Java 装配 Bean

尽管在很多场景下通过组件扫描和自动装配实现 Spring 的自动化配置是更为推荐的方式，但有时候自动化配置的方案行不通，因此需要明确配置 Spring。比如说，你想要将第三方库中的组件装配到你的应用中，在这种情况下，是没有办法在它的类上添加@Component 和@Autowired 注解的，因此就不能使用自动化装配的方案了。

这时必须要采用显式装配的方式。在进行显式配置的时候，有两种可选方案：Java 和 XML。在这节中，我们将会学习如何使用 Java 配置，关于 Spring 的 XML 配置前面章节使用过就不再详述。接下来，让我们看一下如何通过 JavaConfig 显式配置 Spring。

1. 创建配置类

在上一节我们已经介绍了 JavaConfig 类，让我们重温一个样例 UserManageConfig，代码片段如下：

```
@Configuration
@ComponentScan
public class UserManageConfig {}
```

创建 JavaConfig 类的关键在于为其添加@Configuration 注解，@Configuration 注解表明这个类是一个配置类，该类应该包含在 Spring 应用上下文中如何创建 Bean 的细节。

到此为止，我们都是依赖组件扫描来发现 Spring 应该创建的 Bean。尽管我们可以同时使用组件扫描和显式配置，但是在本节中，我们更加关注于显式配置，因此我将 UserManageConfig 的@ComponentScan 注解移除掉。移除了@ComponentScan 注解，此时的 UserManageConfig 类就没有任何作用了，如果你现在运行 UserManageTest 的话，测试会失败，并且会出现 BeanCreation-Exception 异常。测试期望被注入 userDao、userService 和 userAction，但是这些 Bean 根本就没有创建，因此组件扫描不会发现它们。

为了再次让测试通过，你可以将@ComponentScan 注解添加回去，但是我们这一节关注显式配置，因此让我们看一下如何使用 JavaConfig 装配 UserDao、UserService 和 UserAction。

2．声明简单的 Bean

先把 UserDaoImpl、UserServiceImpl 和 UserAction 类级别的注解注释掉，然后在 UserManageConfig 类声明相应的 Bean。代码片段如下：

```
@Configuration//@Configuration 用于定义配置类，可替换 xml 配置文件
@ComponentScan("com.ssm.chapter4")
public class UserManageConfig {
    @Bean
    public UserDao getUserDao() {
        return new UserDaoImpl();
    }
    @Bean
    public UserService getUserService() {
        return new UserServiceImpl();
    }
    @Bean
    public UserAction getUserAction() {
        return new UserAction();
    }
}
```

@Bean 注解的方法可以采用任何必要的 Java 功能来产生 Bean 实例。构造器和 Setter 方法只是@Bean 方法的两个简单样例。这里所存在的可能性仅仅受到 Java 语言的限制。这样 Spring 上下文就可以通过@Bean 注解的方法创建和管理 Bean。

3．创建测试类 JavaConfigTest

添加 UserAction 对象属性，添加测试方法 testSave()。代码片段如下：

```
@RunWith(SpringJUnit4ClassRunner.class)
@ContextConfiguration(classes = UserManageConfig.class)
public class UserManageTest {
    @Autowired
    private UserAction userAction;
```

```
    @Test
    public void testSave() {
        userAction.save();
    }
}
```

添加 UserAction 对象属性，添加测试方法 testSave()。运行结果如图 4-9 所示。

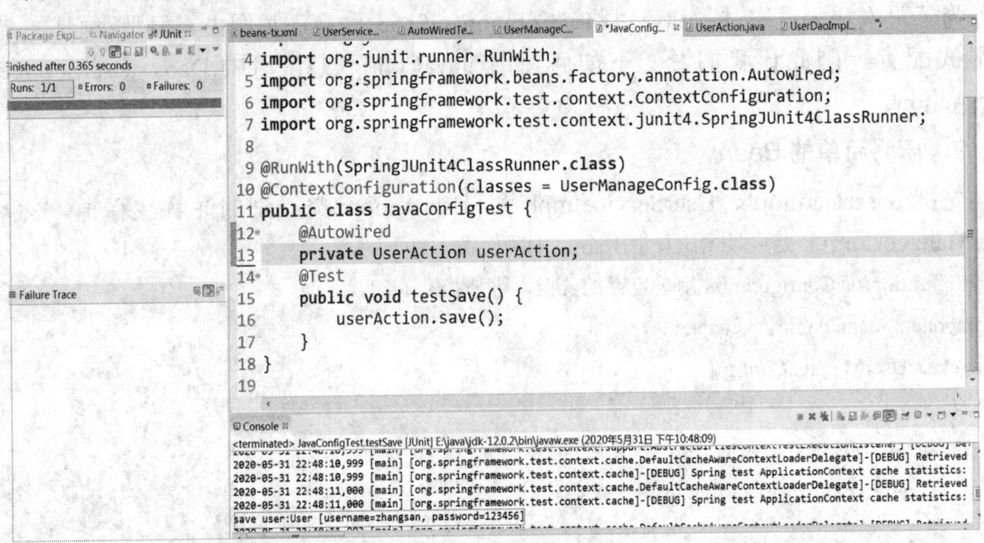

图 4-9　测试 UserAction 的 save()方法

4.4　面向切面编程(AOP)

4.4.1　面向切面编程简介

Spring AOP 是 Spring 框架的重要组成部分，面向切面编程(Aspect-Oriented Programming，AOP)是以另一个角度来考虑程序结构，通过分析程序结构的关注点来完善面向对象编程(OOP)。OOP 将应用程序分解成各个层次的对象，而 AOP 将程序分解成多个切面。Spring AOP 只实现了方法级别的连接点，在 J2EE 应用中，AOP 拦截到方法级别的操作就已经足够了。在 Spring 中需要利用 Spring AOP 实现为 IoC 和企业服务之间建立联系。AOP 可以说是对 OOP 的补充和完善。OOP 引入封装、继承和多态性等概念来建立一种对象层次结构，用以模拟公共行为的一个集合。当需要为分散的对象引入公共行为的时候，OOP 则显得无能为力。也就是说，OOP 允许定义从上到下的关系，但并不适合定义从左到右的关系，例如日志功能。日志代码往往水平地散布在所有对象层次中，而与它所散布到的对象的核心功能毫无关系。在 OOP 设计中，这种方案导致了大量代码的重复，不利于各个模块的重用。而 AOP 则将程序中的交叉业务逻辑(比如安全、日志、事务等)封装成一个切面，然后注入到目标对象(具体业务逻辑)中去。

AOP 技术的实现主要分为两大类：一是采用动态代理技术，利用截取消息的方式，对该消息进行装饰，以取代原有对象行为的执行；二是采用静态植入的方式，引入特定的语法创建“切面”，从而使编译器可以在编译期间织入有关“切面”的代码。

Spring 对面向切面编程提供了强有力的支持，通过它我们可以将业务逻辑从应用服务(如事务管理)中分离出来，实现了高内聚开发，应用对象只关注业务逻辑，不再负责其他系统问题(如日志、事务等)。Spring 支持用户自定义切面。

下面介绍 AOP 的一些术语。

切面(Aspect)：一个关注点的模块化，这个关注点可能会横切多个对象。事务管理是 J2EE 应用中一个关于横切关注点很好的例子。在 Spring AOP 中，切面可以使用基于模式或者基于@Aspect 注解的方式来实现。

- 连接点(Joinpoint)：在程序执行过程中某个特定的点，比如某方法调用的时候或者处理异常的时候。在 Spring AOP 中，一个连接点总是表示一个方法的执行。
- 通知(Advice)：在切面的某个特定的连接点上执行的动作，其中包括了“around”“before”和“after”等不同类型的通知(通知的类型将在后面部分进行讨论)。许多 AOP 框架(包括 Spring)都是以拦截器作通知模型，并维护一个以连接点为中心的拦截器链。
- 切入点(Pointcut)：匹配连接点的断言，通知和一个切入点表达式关联，并在满足这个切入点的连接点上运行(例如，当执行某个特定名称的方法时)。切入点表达式如何和连接点匹配是 AOP 的核心，Spring 缺省使用 AspectJ 切入点语法。
- 引入(Introduction)：用来给一个类型声明额外的方法或属性(也被称为连接类型声明(inter-type declaration))。Spring 允许引入新的接口(以及一个对应的实现)到任何被代理的对象，例如，你可以使用引入来使一个 Bean 实现 IsModified 接口，以便简化缓存机制。
- 目标对象(Target Object)： 被一个或者多个切面所通知的对象，也被称做被通知(advised)对象。既然 Spring AOP 是通过运行时代理实现的，这个对象永远是一个被代理(proxied)对象。
- AOP 代理(AOP Proxy)：AOP 框架创建的对象，用来实现切面契约(例如通知方法执行等)。在 Spring 中，AOP 代理可以是 JDK 动态代理或者 CGLIB 代理。
- 织入(Weaving)：把切面连接到其他的应用程序类型或者对象上，并创建一个被通知的对象，这些可以在编译时(例如使用 AspectJ 编译器)、类加载时和运行时完成。Spring 和其他纯 Java AOP 框架一样，在运行时完成织入切面。
- 通知类型：分为前置通知、后置通知、异常通知、最终通知和环绕通知，具体定义如下：
- 前置通知(Before advice)：在某连接点之前执行的通知，但这个通知不能阻止连接点之前的执行流程(除非它抛出一个异常)。
- 后置通知(After returning advice)：在某连接点正常完成后执行的通知，例如，一个方法没有抛出任何异常，正常返回。
- 异常通知(After throwing advice)：在方法抛出异常退出时执行的通知。
- 最终通知(After (finally) advice)：当某连接点退出的时候执行的通知(不论是正常返回还是异常退出)。
- 环绕通知(Around Advice)：包围一个连接点的通知，如方法调用，这是最强大的一种通知类型。环绕通知可以在方法调用前后完成自定义的行为。它也会选择是否继续执行连接点或直接返回它自己的返回值或抛出异常来结束执行。

4.4.2 通过切点选择连接点

正如之前所提过的，切点用于准确定位应该在什么地方应用切面的通知。通知和切点是切面最基本的元素。因此，了解如何编写切点非常重要。

在 Spring AOP 中，要使用 AspectJ 的切点表达式语言来定义切点。如果你已经很熟悉 AspectJ，那么在 Spring 中定义切点就非常自然。但是如果你一点都不了解 AspectJ，本小节我们将介绍如何编写 AspectJ 风格的切点。

关于 Spring AOP 的 AspectJ 切点，最重要的一点就是 Spring 仅支持 AspectJ 切点指示器(Pointcut Designator)的一个子集。让我们回顾一下，Spring 是基于代理的，而某些切点表达式是与基于代理的 AOP 无关的。表 4-1 列出了 Spring AOP 所支持的 AspectJ 切点指示器。

Spring 借助 AspectJ 的切点表达式语言来定义 Spring 切面，如表 4-1 所示。

表 4-1 AspectJ 指示器

AspectJ 指示器	描　述
arg()	限制连接点匹配参数为指定类型的执行方法
@args()	限制连接点匹配参数由指定注解标注的执行方法
execution()	用于匹配连接点的执行方法
this()	限制连接点匹配 AOP 代理的 Bean 引用为指定类型的类
target	限制连接点匹配目标对象为指定类型的类
@target()	限制连接点匹配特定的执行对象，这些对象对应的类要具有指定类型的注解
within()	限制连接点匹配指定的类型
@within()	限制连接点匹配指定注解所标注的类型(当使用 Spring AOP 时，方法定义在由指定的注解所标注的类里)
@annotation	限定匹配带有指定注解的连接点

上表展示的 Spring 支持的指示器，只有 execution 指示器是执行实际匹配的，其他的指示器都是用来限制匹配的。这说明 execution 指示器是我们在编写切点定义时最主要使用的指示器。在此基础上，我们使用其他指示器来限制所匹配的切点。

1. 编写切点

为了阐述切点，我们需要一个主题来定义切面的切点，为此我们定义一个接口 Performance，代码如下：

```
package com.ssm.chapter4.aop;
public interface Performance {
    public void perform();
}
```

定义一个实现 Performance 的实现类 Performer，代码如下：

```
package com.ssm.chapter4.aop;
public class Performer implements Performance {
    public void perform(){
        System.out.println("正在表演！");
    }
}
```

假设我们编写调用 Performance 接口的 perform()时触发通知切点表达式，如图 4-10 所示为一个切点表达式，这个表达式在调用 Performance 接口的 perform()时触发通知。

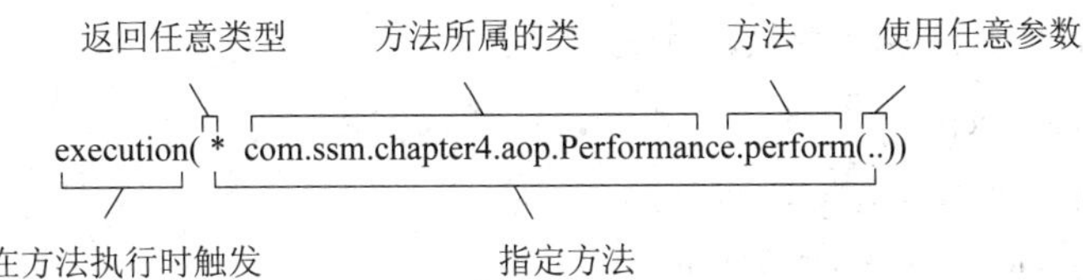

图 4-10　使用 AspectJ 切点表达式选择 Performance 的 perform()方法

2．在切点中选择 Bean

除了表 4-1 所列的指示器外，Spring 还引入了一个新的 bean()指示器，它允许我们在切点表达式中使用 Bean 的 ID 来标识 Bean。bean()使用 Bean ID 或 Bean 名称作为参数来限制切点只匹配特定的 Bean。

首先在 application.xml 中注册一个 Bean 对象，代码如下：

```
<bean id = "waterBrother" class = "com.ssm.chapter4.ioc.Performer">
```

例如，考虑如下的切点：

```
execution( *   com.ssm.chapter4.aop.Performance.perform(..))
and bean('waterBrother')
```

在这里，我们希望在执行 Performance 的 perform()方法时应用通知，但限定 id 为“waterBrother”的 Bean。我们还可以运用非操作除了指定 ID 以外的 bean 应用通知。

```
execution( *   com.ssm.chapter4.aop.Performance.perform(..))
and ! bean('waterBrother')
```

我们已经讲解了编写切点相关的基础知识，下面继续了解编写通知和使用切点声明切面。

4.4.3　使用注解创建切面

使用注解来创建切面是 AspectJ 5 所引入的关键特性。AspectJ 5 之前，编写 AspectJ 切面需要学习 Java 语言的一种扩展，但是 AspectJ 面向注解的模型可以非常简便地通过少量注解把任意类转变为切面。下面以电视节目《最强大脑》的观众行为为例，以注解的方式讲解切面编程。

电视节目《最强大脑》是江苏卫视打造的一档益智类节目，收视率非常高，第四季最强大脑进行了改版，加入了一些创新元素，更多的考虑了节目的观赏性和娱乐性，但却牺牲了节目的严谨性，观众褒贬不一。观众观看《最强大脑》的选手表演时，落座、关机、欣赏节目，表演精彩时鼓掌，不高兴时提前离开等；选手专注于表演，无须关心观众是否落座、鼓掌等行为。下面让我们应用切面编程来实现该需求。

我们已经定义了 Performance 接口，它是切面中切点的目标对象。现在，让我们使用 AspecJ 注解来定义切面。

一档好的电视节目如果没有观众，还有什么意义？观众很重要，但是对于最强大脑选手挑战项目来讲，它不是核心，只是一个单独的关注点。因此我们把观众定义为一个切面。如下代码展示的 Audience 类定义了观众的功能。

为《最强大脑》节目定义观众，代码如下：

```
package com.ssm.chapter4.aop;
import org.aspectj.lang.annotation.AfterReturning;
import org.aspectj.lang.annotation.AfterThrowing;
import org.aspectj.lang.annotation.Aspect;
import org.aspectj.lang.annotation.Before;
@Aspect
public class Audience {
    @Before("execution( * com.ssm.chapter4.aop.Performance.perform(..))")
    public void takeSeat(){
        System.out.println("观众落座");
    }
    @Before("execution( * com.ssm.chapter4.aop.Performance.perform(..))")
    public void silenceMobile(){
        System.out.println("手机静音");
    }
    @AfterReturning("execution( * com.ssm.chapter4.aop.Performance.perform(..))")
    public void applaud(){
        System.out.println("鼓掌");
    }
    @AfterThrowing("execution( * com.ssm.chapter4.aop.Performance.perform(..))")
    public void demandRefund(){
        System.out.println("不，请把钱还给我！");
    }
}
```

Audience 类使用@AspectJ 注解进行了标注。该注解表明 Audience 不仅仅是一个 POJO，还是一个切面。Audience 类中的方法都使用注解来定义切面的具体行为。

Audience 有四个方法，定义了一个观众在观看演出时可能会做的事情。在演出之前，观众要就座(takeSeats())并将手机调至静音状态(silenceMobile())。如果演出很精彩，观众会鼓掌喝彩(applause());不过,如果演出没有达到观众预期的话,观众会要求退款(demandRefund())。

可以看到，这些方法都使用了通知注解来表明它们应该在什么时候调用。AspectJ 提供了五个注解来定义通知，如表 4-2 所示。

表 4-2　Spring 使用 AspectJ 注解来声明通知方法

注　解	通　　知
@after	通知方法会在目标方法返回或抛出异常后调用
@afterReturing	通知方法会在目标方法返回后调用
@ afterThrowing	通知方法会在目标方法抛出异常后调用
@ before	通知方法会将目标方法封装起来
@around	通知方法会在目标方法调用之前执行

Audience 使用到了表 4-2 中列出的三个通知，Audience 类使用这些注解声明通知，并为每个通知设置一个相同的切点表达式，显然它不是一种完美的设置切点的方法。如果我们定义一个切点，然后每次需要的时候引用它，那么这会是一个很好的方案。

我们可以这样做：@Pointcut 注解在一个@AspectJ 切面内定义可重用的切点。接下来的程序展现了新的 Audience，现在它使用了@Pointcut：

```
package com.ssm.chapter4.aop;
import org.aspectj.lang.annotation.AfterReturning;
import org.aspectj.lang.annotation.AfterThrowing;
import org.aspectj.lang.annotation.Aspect;
import org.aspectj.lang.annotation.Before;
@Aspect
public class Audience {
    @Pointcut("execution( * com.ssm.chapter4.aop.Performance.perform(..))")
    public void performance(){}
@Before("performance()")
    public void takeSeat(){
        System.out.println("观众落座");
    }
    @Before("performance()")
    public void silenceMobile(){
        System.out.println("手机静音");
    }
    @AfterReturning("performance()")
    public void applaud(){
        System.out.println("鼓掌");
    }
    @AfterThrowing("performance()")
    public void demandRefund(){
```

```
        System.out.println("不，请把钱还给我！");
    }
}
```

在 Audience 中，performance()方法使用了@Pointcut 注解。为@Pointcut 注解设置的值是一个切点表达式，就像之前在通知注解上所设置的那样。通过在 performance()方法上添加@Pointcut 注解，我们实际上扩展了切点表达式语言，我们现在把所有通知注解中的长表达式都替换成 performance()。performance()方法的实际内容并不重要，在这里它实际上应该是空的。其实该方法本身只是一个标识，供@Pointcut 注解依附。

需要注意的是，除了注解和没有实际操作的 performance()方法，Audience 类依然是一个 POJO。我们能够像使用其他的 Java 类那样调用它的方法，它的方法也能够独立地进行单元测试，这与其他的 Java 类并没有什么区别。Audience 只是一个 Java 类，只不过通过注解表明它可作为切面使用而已。

像其他的 Java 类一样，它可以装配为 Spring 中的 Bean：

```
@Bean
public Audience audience(){
    return new Audience();
}
```

目前 Audience 对象只是 Spring 容器类普通的 Bean，虽然使用了 AspectJ 注解，但它还不是切面，这些注解不会被解析，如果使用 JavaConfig 的话，可以在配置类的类级别上通过使用 EnableAspectJ-AutoProxy 注解来启用自动代理功能。JavaConfig 开启 Aspect 注解的自动代理，代码如下：

```
package com.ssm.chapter4.aop;
import org.springframework.context.annotation.Bean;
import org.springframework.context.annotation.ComponentScan;
import org.springframework.context.annotation.Configuration;
import org.springframework.context.annotation.EnableAspectJAutoProxy;
@Configuration
@EnableAspectJAutoProxy
@ComponentScan
public class JavaConfig {
    @Bean
    public Audience audience(){
        return new Audience();
    }
}
```

使用 JavaConfig 后，AspectJ 自动代理会为用@Aspect 注解的 Bean 创建一个代理，这个代理会封装切点所匹配的 Bean。在这种情况下，将会为 Audience Bean 创建一个代理，

Audience 类中的通知方法将会在 perform()调用前后执行。我们一起测试 Audience 切面。

编写 Player 类实现 Performance 接口，代码如下：

```
package com.ssm.chapter4.aop;
public interface Performer {
    public void perform();
}
```

定义一个 Player 类实现 Performer 接口，代码如下：

```
package com.ssm.chapter4.aop;
public class Player implements Performance{
    private String name;//选手姓名
    private String subject;//比赛的题目(项目)
    @Override
    public void perform() {
        System.out.println(name+"正在挑战"+subject);
    }
}
```

编写测试类 AspectTest，代码如下：

```
package com.ssm.chapter4.test;
import static org.junit.Assert.fail;
import javax.annotation.Resource;
import org.junit.Test;
import org.junit.runner.RunWith;
import org.springframework.test.context.ContextConfiguration;
import org.springframework.test.context.junit4.SpringJUnit4ClassRunner;
import com.ssm.chapter4.aop.JavaConfig;
import com.ssm.chapter4.aop.Performance;
@RunWith(SpringJUnit4ClassRunner.class)
@ContextConfiguration(classes = JavaConfig.class)
public class AspectTest {
    @Resource
    Performance player;
    @Test
    public void test() {
        player.perform();
    }
}
```

运行 Junit Test，测试结果如图 4-11 所示。

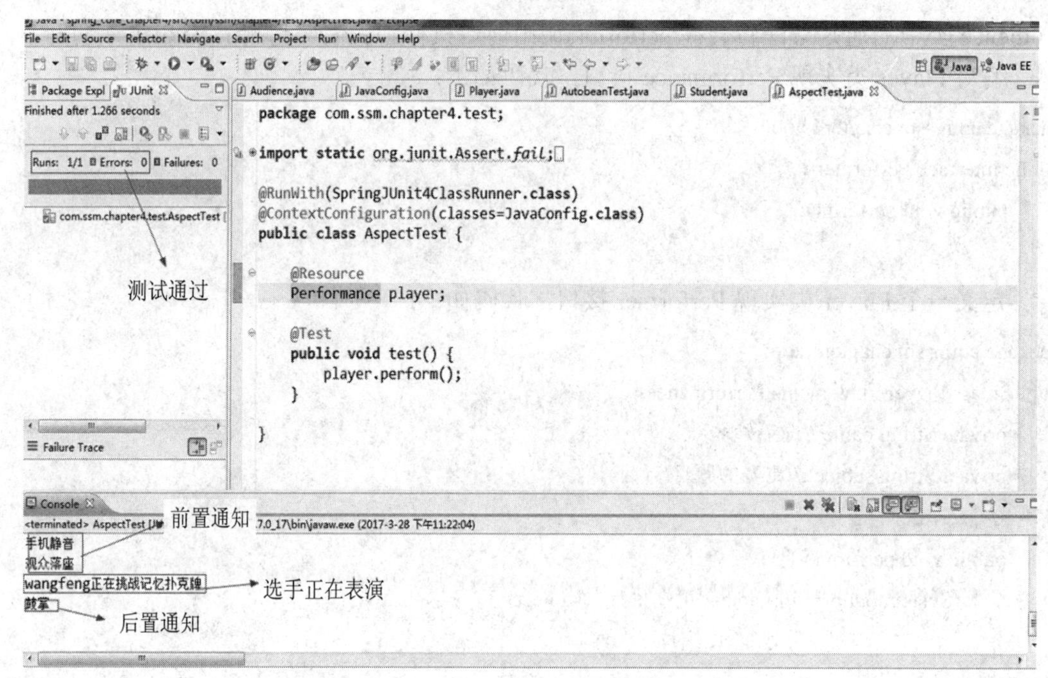

图 4-11　Aspect Test 测试结果

在 Spring 中，注解和自动代理提供了一种很便利的方式来创建切面，它非常简单，并且只涉及最少的 Spring 配置。但是，面向注解的切面声明有一个明显的劣势：你必须能够为通知类添加注解。为了做到这一点，必须要有源码。

如果你没有源码，或者不想将 AspectJ 注解放到你的代码之中，Spring 为切面提供了另外一种可选方案。下面介绍如何在 Spring XML 配置文件中声明切面。

4.4.4　在 XML 中声明切面

如果要在 XML 中配置切面，在 Spring 的 AOP 命名空间中提供了多个元素用于在 XML 中声明切面，如表 4-3 所示。

表 4-3　AOP 配置元素

AOP 配置元素	用　途
<aop:advisor>	定义 AOP 通知器
<aop:after>	定义 AOP 后置通知(不管被通知的方法是否执行成功)
<aop:after-returning>	定义 AOP 返回通知
<aop:after-throwing>	定义 AOP 异常通知
<aop:around>	定义 AOP 环绕通知
<aop:aspect>	定义一个切面
<aop:aspectj-autoproxy>	启用@Aspect 注解驱动的切面
<aop:before>	定义一个 AOP 前置通知
<aop:config>	顶层的 AOP 配置元素。大多数的<aop:*>元素必须包含在<aop:config>元素内
<aop:declare-parents>	以透明的方式为被通知的对象引入额外的接口
<aop:pointcut>	定义一个切点

为了使用 Spring 的 AOP 命名空间提供的声明切面的元素，将 Audience 类的注解移除，代码如下：

```
package com.ssm.chapter4.aop;
public class Audience {
    public void takeSeat(){
        System.out.println("观众落座");
    }
    public void silenceMobile(){
        System.out.println("手机静音");
    }
    public void applaud(){
        System.out.println("鼓掌");
    }
    public void demandRefund(){
        System.out.println("不，请把钱还给我！");
    }
}
```

上面定义的 Audience 类并没有任何特别之处，它就是有几个方法的简单 Java 类。我们可以像其他类一样把它注册为 Spring 应用上下文中的 Bean。尽管看起来并没有什么差别，但 Audience 已经具备了成为 AOP 通知的所有条件，我们可以利用 AOP 命名空间提供的元素将 Audience 类中的方法变成预期的通知。

1．声明前置通知和后置通知

我们会使用 Spring AOP 命名空间中的一些元素，将没有注解的 Audience 转换为切面。下面的代码展示需要的 applicationContext.xml 元素：

```
<?xml version = "1.0" encoding = "UTF-8"?>
<beans xmlns = "http://www.springframework.org/schema/beans"
    xmlns:xsi = "http://www.w3.org/2001/XMLSchema-instance"
    xmlns:aop = "http://www.springframework.org/schema/aop"
    xmlns:context = "http://www.springframework.org/schema/context"
    xmlns:tx = "http://www.springframework.org/schema/tx"
    xsi:schemaLocation = "http://www.springframework.org/schema/beans
                        http://www.springframework.org/schema/beans/spring-beans.xsd
                        http://www.springframework.org/schema/aop
                        http://www.springframework.org/schema/aop/spring-aop.xsd
                        http://www.springframework.org/schema/context
                        http://www.springframework.org/schema/context/spring-context.xsd
                        http://www.springframework.org/schema/tx
                        http://www.springframework.org/schema/tx/spring-tx.xsd">
```

```
    <!-- <context:component-scan base-package = "com.ssm.chapter4"></context:component-scan>
    <bean name = "geLi" class = "com.ssm.chapter4.ioc.Actor"></bean>
    <bean name = "moAttack" class = "com.ssm.chapter4.ioc.MoAttack">
        <property name = "geLi" ref = "geLi"></property>
    </bean> -->
    <bean name = "audience" class = "com.ssm.chapter4.aop.Audience"></bean>
    <aop:config>
        <aop:aspect>
            <aop:before method = "takeSeat"
            pointcut = "execution( * com.ssm.chapter4.aop.Performance.perform(..))"/>
            <aop:before method = "silenceMobile"
            pointcut = "execution( * com.ssm.chapter4.aop.Performance.perform(..))"/>
            <aop:after-returning method = "applaud"
            pointcut = "execution( * com.ssm.chapter4.aop.Performance.perform(..))"/>
            <aop:after-throwing method = "demandRefund"
            pointcut = "execution( * com.ssm.chapter4.aop.Performance.perform(..))"/>
        </aop:aspect>
    </aop:config>
</beans>
```

关于 AOP 的配置元素的使用，应注意把它们放在<aop:config>元素中。该切面应用了四个不同的通知。两个<aop:before>元素定义了匹配切点的方法执行之前调用前置通知方法，也就是 Audience bean 的 takeSeats()和 turnOffCellPhones()方法(由 method 属性所声明)。

<aop:after-returning>元素定义了一个返回(after-returning)通知，在切点所匹配的方法调用之后再调用 applaud()方法。同样，<aop:after-throwing>元素定义了异常(after-throwing)通知，如果所匹配的方法执行时抛出任何的异常，都将会调用 demandRefund()方法。

在基于 AspectJ 注解的通知中，当发现这种类型的重复时，我们使用@Pointcut 注解消除了这些重复的内容。而在基于 XML 的切面声明中，我们需要使用<aop:pointcut>元素。如下的 XML 展现了如何将通用的切点表达式抽取到一个切点声明中，这样这个声明就能在所有的通知元素中使用了。使用<aop:pointcut>定义切点代码如下：

```
<aop:config>
        <aop:aspect>
            <aop:pointcut expression = "execution( * com.ssm.chapter4.aop.Performance.perform(..))"
                        id = "performance"/>
            <aop:before method = "takeSeat" pointcut-ref = "performance"/>
            <aop:before method = "silenceMobile" pointcut-ref = "performance"/>
            <aop:after-returning method = "applaud" pointcut-ref = "performance"/>
            <aop:after-throwing method = "demandRefund" pointcut-ref = "performance"/>
        </aop:aspect>
```

```
</aop:config>
```

2. 声明环绕通知

前置通知和后置通知的使用有一些局限性。具体来说，如果不使用成员变量存储信息，在前置通知和后置通知之间共享信息就会非常麻烦。

使用环绕通知可以完成前置通知和后置通知所实现的相同功能，而且只需要在一个方法中实现。因为整个通知逻辑是在一个方法内实现的，所以不需要使用成员变量保存状态。修改 Audience 类，添加 watchPerform()，提供环绕通知。watchPerform 提供 AOP 的环绕通知，代码如下：

```
public void watchPerform(ProceedingJoinPoint pjp){
    try {
        System.out.println("观众落座");
        System.out.println("手机静音");
        pjp.proceed();
        System.out.println("鼓掌");
    } catch (Throwable e) {
        System.out.println("不，请把钱还给我！");
    }
}
```

在观众切面中，watchPerformance()方法包含了之前四个通知方法的所有功能。不过，所有的功能都放在了这一个方法中，因此这个方法还要负责自身的异常处理。声明环绕通知与声明其他类型的通知并没有太大区别。我们所需要做的仅仅是使用<aop:around>元素。在 XML 中使用<aop:around>声明环绕通知，代码如下：

```
<aop:config>
    <aop:aspect>
        <aop:pointcut expression = "execution( * com.ssm.chapter4.aop.Performance.perform(..))"
                      id = "performance"/>
        <aop:around method = "watchPerform" pointcut-ref = "performance"/>
    </aop:aspect>
</aop:config>
```

像其他通知的 XML 元素一样，<aop:around>指定了一个切点和一个通知方法的名字，将 performance 对象的 watchPerform 方法变成了环绕通知。

4.5 Spring 的事务管理

理解事务之前，先举一个日常生活常发生的事情：取钱。比如你去 ATM 机取 1000 元钱，大体有两个步骤：首先输入密码和想要取出的金额，银行卡扣掉 1000 元钱；然后 ATM 机吐出 1000 元钱。这两个动作序列必须是要么都执行，要么都不执行。如果银行卡扣除了

1000 元钱但是 ATM 机出钱失败，你将会损失 1000 元钱；如果银行卡扣钱失败但是 ATM 机却吐出了 1000 元钱，那么银行将损失 1000 元钱。所以，如果一个动作成功另一个动作失败，整个过程就是失败的。整个取钱过程都应能回滚，也就是完全取消所有操作的话，这个结果对双方是可以接受的。

事务就是用来解决类似问题的。事务是一系列的动作，这些动作必须全部完成，如果有一个失败的话，那么事务就会回滚到最开始的状态，仿佛什么都没发生过一样。在企业级应用程序开发中，事务管理是必不可少的技术，用来确保数据的完整性和一致性。

4.5.1 事务的特性

事务有四大特性，简称 ACID。

原子性(Atomicity)：事务是一个原子操作，由一系列动作组成。事务的原子性确保动作要么全部完成，要么完全不起作用。

一致性(Consistency)：一旦事务完成(不管成功还是失败)，系统必须确保它所建模的业务处于一致的状态，而不会是部分完成部分失败。现实中的数据不应该被破坏。

隔离性(Isolation)：可能有许多事务会同时处理相同的数据，因此每个事务都应该与其他事务隔离开来，防止数据损坏。

持久性(Durability)：一旦事务完成，无论发生什么系统错误，它的结果都不应该受到影响，这样就能从任何系统崩溃中恢复过来。通常情况下，事务的结果被写到持久化存储器中。

4.5.2 核心接口

Spring 事务管理的实现有许多细节，如果对整个接口框架有个大体了解会非常有利于我们理解事务，Spring 事务接口框架如图 4-12 所示。

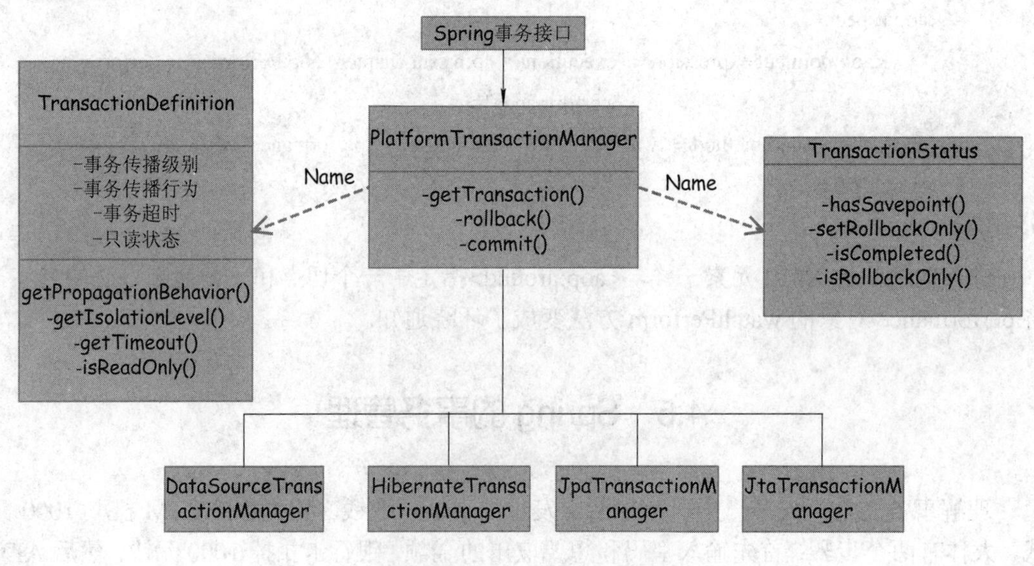

图 4-12 Spring 事务接口框架

下面通过讲解 Spring 的事务接口来了解 Spring 实现事务的具体策略。

1．事务管理器

Spring 并不直接管理事务，而是提供了多种事务管理器，它们将事务管理的职责委托 Hibernate 或者 JTA 等持久化机制所提供的相关平台框架的事务来实现。

Spring 事务管理器的接口是 org.springframework.transaction.PlatformTransaction Manager，通过这个接口，Spring 为各个平台如 JDBC、Hibernate 等都提供对应的事务管理器，但是具体的实现就是各个平台自己的事情了。此接口的代码如下：

```
public interface PlatformTransactionManager {
    TransactionStatus getTransaction(TransactionDefinition definition) throws TransactionException;
    void commit(TransactionStatus status) throws TransactionException;
    void rollback(TransactionStatus status) throws TransactionException;
}
```

2．JDBC 事务

如果应用程序中直接使用 JDBC 来进行持久化，DataSourceTransactionManager 会为你处理事务边界。为了使用 DataSourceTransactionManager，需要使用如下的 XML 将其装配到应用程序的上下文定义中：

```
<bean id = "transactionManager" class = "org.springframework.jdbc.datasource.
                                                    DataSourceTransactionManager">
        <property name = "dataSource" ref = "dataSource" />
</bean>
```

3．Hibernate 事务

如果应用程序的持久化是通过 Hibernate 实现的，则需要使用 HibernateTransactionManager。对于 Hibernate4，需要在 Spring 上下文定义中添加如下的<bean>声明：

```
<bean id = "transactionManager" class = "org.springframework.orm.hibernate4.HibernateTransactionManager">
    <property name = "sessionFactory" ref = "sessionFactory" />
</bean>
```

sessionFactory 属性需要装配一个 Hibernate 的 Session 工厂，HibernateTransactionManager 的实现细节是它将事务管理的职责委托给 org.hibernate.Transaction 对象，而后者是从 Hibernate Session 中获取到的。当事务成功完成时，HibernateTransactionManager 将会调用 Transaction 对象的 commit()方法，反之，将会调用 rollback()方法。

4．Java 持久化 API 事务

Hibernate 多年来一直是事实上的 Java 持久化标准，但是现在 Java 持久化 API 作为真正的 Java 持久化标准进入大家的视野。如果你计划使用 JPA，则需要使用 Spring 的 JpaTransactionManager 来处理事务。需要在 Spring 中按如下格式配置 JpaTransaction Manager：

```
<bean id = "transactionManager" class = "org.springframework.orm.jpa.JpaTransactionManager">
```

```
    <property name = "sessionFactory" ref = "sessionFactory" />
</bean>
```

JpaTransactionManager 只需要装配一个 JPA 实体管理工厂(javax.persistence.EntityManagerFactory 接口的任意实现)。JpaTransactionManager 将与由工厂所产生的 JPA EntityManager 合作来构建事务。

5. Java 原生 API 事务

如果你没有使用以上所述的事务管理，或者是跨越了多个事务管理源(比如两个或者是多个不同的数据源)，就需要使用 JtaTransactionManager，代码如下：

```
<bean id = "transactionManager" class = "org.springframework.transaction.jta.JtaTransactionManager">
    <property name = "transactionManagerName" value = "java:/TransactionManager" />
</bean>
```

JtaTransactionManager 将事务管理的责任委托给 javax.transaction.UserTransaction 和 javax.transaction.TransactionManager 对象，其中事务成功完成时通过 UserTransaction.commit()方法提交，事务失败时通过 UserTransaction.rollback()方法回滚。

4.5.3 基本事务属性

事务管理器接口 PlatformTransactionManager 通过 getTransaction(TransactionDefinition definition)方法来得到事务，这个方法里面的参数是 TransactionDefinition 类，这个类就定义了一些基本的事务属性。那么什么是事务属性呢？事务属性可以理解成事务的一些基本配置，描述了事务策略如何应用到方法上。事务属性包含了 5 个方面，分别是传播行为、隔离级别、是否可读、事务超时和回滚规则。

TransactionDefinition 接口的内容如下：

```
public interface TransactionDefinition {
    int getPropagationBehavior(); // 返回事务的传播行为
    int getIsolationLevel();
    // 返回事务的隔离级别，事务管理器根据它来控制另外一个事务可以看到本事务内的哪些数据
    int getTimeout();  // 返回事务必须在多少秒内完成
    boolean isReadOnly();
    // 事务是否只读，事务管理器能够根据这个返回值进行优化，确保事务是只读的
}
```

下面详细介绍各个事务属性。

1. 传播行为

事务的第一个方面是传播行为(propagation behavior)。当事务方法被另一个事务方法调用时，必须指定事务应该如何传播。例如：方法可能继续在现有事务中运行，也可能开启一个新事务，并在自己的事务中运行。Spring 定义了七种传播行为，如表 4-4 所示。

表 4-4 Spring 事务传播行为

传播行为	含义
PROPAGATION_REQUIRED	表示当前方法必须运行在事务中。如果当前事务存在，方法将会在该事务中运行。否则，会启动一个新的事务
PROPAGATION_SUPPORTS	表示当前方法不需要事务上下文，但是如果存在当前事务，则该方法会在这个事务中运行
PROPAGATION_MANDATORY	表示该方法必须在事务中运行，如果当前事务不存在，则会抛出一个异常
PROPAGATION_REQUIRED_NEW	表示当前方法必须运行在它自己的事务中。一个新的事务将被启动。如果存在当前事务，在该方法执行期间，当前事务会被挂起。如果使用 JTATransactionManager，则需要访问 TransactionManager
PROPAGATION_NOT_SUPPORTED	表示该方法不应该运行在事务中。如果存在当前事务，在该方法运行期间，当前事务将被挂起。如果使用 JTATransaction Manager，则需要访问 TransactionManager
PROPAGATION_NEVER	表示当前方法不应该运行在事务上下文中。如果当前正有一个事务在运行，则会抛出异常
PROPAGATION_NESTED	表示如果当前已经存在一个事务，则该方法将会在嵌套事务中运行。嵌套事务可以独立于当前事务进行单独提交或回滚。如果当前事务不存在，那么其行为与 PROPAGATION_REQUIRED 一样。注意各厂商对这种传播行为的支持是有所差异的。可以参考资源管理器的文档来确认它们是否支持嵌套事务

2. 隔离级别

事务的第二个维度就是隔离级别(isolation level)。隔离级别定义了一个事务可能受其他并发事务影响的程度。在典型的应用程序中，多个事务并发运行，经常会操作相同的数据来完成各自的任务。隔离级别如表 4-5 所示。

表 4-5 隔离级别

隔离级别	含义
ISOLATION_DEFAULT	使用后端数据库默认的隔离级别
ISOLATION_READ_UNCOMMITTED	最低的隔离级别，允许读取尚未提交的数据变更，可能会导致脏读、幻读或不可重复读(见下文解释)
ISOLATION_READ_COMMITTED	允许读取并发事务已经提交的数据，可以阻止脏读，但是幻读或不可重复读仍有可能发生
ISOLATION_REPEATABLE_READ	对同一字段的多次读取结果都是一致的，除非数据是被本身事务所修改，可以阻止脏读和不可重复读，但幻读仍有可能发生
ISOLATION_SERIALIZABLE	最高的隔离级别，完全服从 ACID 的隔离级别，确保阻止脏读、不可重复读以及幻读，也是最慢的事务隔离级别，因为它通常是通过完全锁定事务相关的数据库表来实现

并发虽然是必需的，但可能会导致以下的问题：

(1) 脏读(Dirty reads)——脏读发生在一个事务读取了另一个事务改写但尚未提交的数据时。如果改写在稍后被回滚了，那么第一个事务获取的数据就是无效的。

(2) 不可重复读(Nonrepeatable read)——不可重复读发生在一个事务执行相同的查询两次或两次以上，但是每次都得到不同的数据时。这通常是因为另一个并发事务在两次查询期间进行了更新。

(3) 幻读(Phantom read)——幻读与不可重复读类似。它发生在一个事务(T1)读取了几行数据，接着另一个并发事务(T2)插入了一些数据时。在随后的查询中，第一个事务(T1)就会发现多了一些原本不存在的记录。

3. 只读

事务的第三个特性是它是否为只读事务。如果事务只对后端的数据库进行该操作，数据库可以利用事务的只读特性来进行一些特定的优化。通过将事务设置为只读，就可以给数据库一个机会，让它应用它认为合适的优化措施。

4. 事务超时

为了使应用程序很好地运行，事务不能运行太长的时间。因为事务可能涉及对后端数据库的锁定，所以长时间的事务运行会不必要地占用数据库资源。设置事务超时属性值，当事务执行时间超过属性值时，事物如果没有执行完毕，就会自动回滚。

5. 回滚规则

事务属性定义了哪些异常会导致事务回滚而哪些不会。默认情况下，事务只有遇到运行期异常时才会回滚，而在遇到检查型异常时不会回滚(这一行为与 EJB 的回滚行为是一致的)。但是你可以声明事务在遇到特定的检查型异常时像遇到运行期异常那样回滚。同样，你还可以声明事务遇到特定的异常不回滚，即使这些异常是运行期异常。

4.5.4 事务状态

上面讲到的调用 PlatformTransactionManager 接口的 getTransaction()的方法得到的是 TransactionStatus 接口的一个实现，这个接口的内容如下：

```
public interface TransactionStatus{
        boolean isNewTransaction();  // 是否是新的事物
        boolean hasSavepoint();      // 是否有恢复点
        void setRollbackOnly();      // 设置为只回滚
        boolean isRollbackOnly();    // 是否为只回滚
        boolean isCompleted;         // 是否已完成
}
```

可以发现这个接口描述的是一些处理事务、提供简单的控制事务执行和查询事务状态的方法，在回滚或提交的时候需要应用对应的事务状态。

4.5.5 声明事务管理实例

(1) 创建事务处理的接口 FooService 以及 Foo 类。

代码如下：

```
package com.ssm.chapter4.service;
import com.ssm.chapter4.vo.Foo;
public interface FooService {
    Foo getFoo(String fooName);
    Foo getFoo(String fooName, String barName);
    void insertFoo(Foo foo);
    void updateFoo(Foo foo);
}
package com.ssm.chapter4.vo;
public class Foo{
}
```

(2) 创建 FooService 的实现类 DefaultFooService。

代码如下：

```
package com.ssm.chapter4.service;
import com.ssm.chapter4.vo.Foo;
public class DefaultFooService implements FooService{
    public Foo getFoo(String fooName) {
        throw new UnsupportedOperationException();
    }
    public Foo getFoo(String fooName, String barName) {
        throw new UnsupportedOperationException();
    }
    public void insertFoo(Foo foo) {
        throw new UnsupportedOperationException();
    }
    public void updateFoo(Foo foo) {
        throw new UnsupportedOperationException();
    }
    public void deleteFoo(Foo foo) {
        throw new UnsupportedOperationException();
    }
}
```

假设 FooService 接口里的方法接受容器的事务管理，其中 getFoo(String fooName)和 getFoo(String fooName, String barName)以只读方法执行事务，insertFoo(Foo foo)、updateFoo(Foo foo)和 deleteFoo(Foo foo)以读写方式执行事务。在 applicationContext.xml 配置代码如下：

```
<?xml version = "1.0" encoding = "UTF-8"?>
```

```
<beans xmlns = "http://www.springframework.org/schema/beans"
    xmlns:xsi = "http://www.w3.org/2001/XMLSchema-instance"
    xmlns:aop = "http://www.springframework.org/schema/aop"
    xmlns:context = "http://www.springframework.org/schema/context"
    xmlns:tx = "http://www.springframework.org/schema/tx"
    xsi:schemaLocation = "http://www.springframework.org/schema/beans
    http://www.springframework.org/schema/beans/spring-beans.xsd
                        http://www.springframework.org/schema/aop
                        http://www.springframework.org/schema/aop/spring-aop.xsd
                        http://www.springframework.org/schema/context
                        http://www.springframework.org/schema/context/spring-context.xsd
                        http://www.springframework.org/schema/tx
                        http://www.springframework.org/schema/tx/spring-tx.xsd">

    <!-- 声明一个事务管理的fooService bean -->
<bean id = "fooService" class = "com.ssm.chapter4.service.DefaultFooService"></bean>
   <!-- 声明事务通知 -->
   <tx:advice id = "txAdvice" transaction-manager = "txManager">
      <!--属性-->
      <tx:attributes>
         <!-- 所有以get开头的方法 read-only -->
         <tx:method name = "get*" propagation = "SUPPORTS" read-only = "true"/>
         <!-- 其他方法使用事务读写设置 -->
         <tx:method name = "insert*" propagation = "REQUIRED" read-only = "false"/>
         <tx:method name = "update*" propagation = "REQUIRED" read-only = "false"/>
         <tx:method name = "delete*" propagation = "REQUIRED" read-only = "false"/>
      </tx:attributes>
   </tx:advice>
   <!-- 声明事务切面 -->
   <aop:config>
      <aop:pointcut id = "fooServiceOperation" expression = "execution(* com.ssm.chapter4.service.
                  FooService.*(..))"/>
<aop:advisor advice-ref = "txAdvice" pointcut-ref = "fooServiceOperation"/>
   </aop:config>
   <!-- 声明数据源bean -->
<bean id = "dataSource" class = "org.apache.commons.dbcp2.BasicDataSource" destroy-method = "close">
      <property name = "driverClassName" value = "com.mysql.jdbc.Driver"/>
      <property name = "url" value = "jdbc:mysql:///mytest"/>
```

```
        <property name = "username" value = "root"/>
        <property name = "password" value = "root"/>
    </bean>
    <!-- 声明一个事务管理器 -->
    <bean id = "txManager" class = "org.springframework.jdbc.datasource.DataSourceTransactionManager">
        <property name = "dataSource" ref = "dataSource"/>
      </bean>
</beans>
```

上面的代码配置好了事务切面，在调用 FooService 的 get 开头的方法时置入事务通知。

本章小结

本章描述了 Spring 的核心知识，包括 Bean 的装配及 Spring 依赖注入，主要有构造方法注入、属性注入、静态工厂注入和实例工厂注入；面向切面编程，主要用两种方式来声明切面，一种以注解的方法将普通类声明为切面，另一种是通过 XML 的方法来声明切面。

本章节涉及代码下载地址：https://github.com/bay-chen/ssm2/blob/master/code/ssm_chapter4.zip。

练习题

一、选择题

1．下面关于 Spring 的说法正确的是(　　)。

A．Spring 是一个重量级的框架　　B．Spring 是一个轻量级的框架

C．Spring 是一个 IoC 和 AOP 容器　　D．Spring 是一个入侵式的框架

2．下面关于 IoC 的理解，正确的是(　　)。

A．控制反转　　B．对象被动地接受依赖类

C．对象主动地去寻找依赖类　　D．一定要用接口

3．下面关于 AOP 的理解，正确的是(　　)。

A．面向纵向的开发　　B．面向横向的开发

C．AOP 关注的是面　　D．AOP 关注的是点

4．Spring 核心容器一共有(　　)个功能模块。

A．1　　B．3　　C．5　　D．7

5．下列关于 Spring 各模块之间关系的叙述，正确的是(　　)。

A．Spring 各模块之间是紧密联系的、相互依赖的

B．Spring 各模块之间可以单独存在

C．Spring 的核心模块是必需的，其他模块是基于核心模块的

D．Spring 的核心模块不是必需的，可以不要

6．Spring 核心容器的作用是(　　)。

A．做 AOP 的　　B．做 IoC 的，用来管理 Bean

C．用来支持 Hibernete　　D．用来支持 Struts

7．Spring 的通知类型有(　　)。

A．before 通知　　B．after-return 通知

C．throws 通知　　D．around 通知

8．下面关于切入点的说法正确的是(　　)。

A．是 AOP 中一系列连接点的集合

B．在做 AOP 时定义切入点是必需的

C．在做 AOP 时定义切入点不是必需的

D．可以用正则表达式来定义切入点

9．下面关于 Spring 依赖注入方式正确的是(　　)。

A．set 方法注入　　B．构造方法注入

C．get 方法注入　　D．接口的注入

10．下面关于在 Spring 中配置 Bean 的 id 属性的说法正确的是(　　)。

A．id 属性是必需的，没有 id 属性就会报错

B．id 属性不是必需的，可以没有

C．id 属性的值可以重复

D．id 属性的值不可以重复

11．下面关于在 Spring 中配置 Bean 的 name 属性的说法正确的是(　　)。

A．name 属性是必需的，没有 name 属性就会报错

B．name 属性不是必需的，可以没有

C．name 属性的值可以重复

D．name 属性的值不可以重复

12．下面(　　)是 IoC 自动装载方法。

A．byName　　B．byType　　C．constructor　　D．byMethod

13．下面关于在 Spring 中配置 Bean 的 init-method 的说法正确的是(　　)。

A．init-method 是在最前面执行的

B．init-method 在构造方法后、依赖注入前执行

C．init-method 在依赖注入之后执行

D．init-method 在依赖注入之后、构造函数之前执行

14．下面关于 Spring 配置文件的说法正确的是(　　)

A．Spring 配置文件必须叫 applicationContext.xml

B．Spring 配置文件可以不叫 applicationContext.xml

C．Spring 配置文件可以有多个

D．Spring 配置文件只能有一个

15．下面关于构造注入优点的说法错误的是(　　)。

A．构造期间创建一个完整、合法的对象

B．不需要写繁琐的 setter 方法
C．对于复杂的依赖关系，构造注入更简洁、直观
D．在构造函数中决定依赖关系的注入顺序
16．下面关于 AOP 的理解正确的是(　　　)。
A．能够降低组件之间的依赖关系
B．将项目中的公共的问题集中解决，减少代码量，提高系统的可维护性
C．AOP 是面向对象的代替品
D．AOP 不是面向对象的代替品，是面向对象很好的补充
17．下面关于 Spring 框架的说明中错误的是(　　　)。
A．可以作用于任何 Java 应用
B．Spring 是侵入式的
C．基于 Spring 开发的应用中的对象一般不依赖于 Spring 的类
D．Spring 是一个容器，因为它包含并且管理应用 JavaBean 对象的生命周期和配置
18．以下(　　　)不是 Spring 中 DI 的注入方式。
A．接口注入　　　　　　　　　　B．getter/setter 注入
C．构造器注入　　　　　　　　　D．对象注入
19．下列关于 Spring 框架的说明中正确的是(　　　)。
A．只能作用于任何 JavaWeb 应用
B．Spring 是侵入式的
C．基于 Spring 开发的应用中的对象需要依赖于 Spring 的类
D．Spring 是一个容器，因为它包含并且管理应用 JavaBean 对象的生命周期和配置
20. 以下关于 Spring 中 DI 的注入方式的选择正确的是(　　　)。
(1) 接口注入
(2) getter/setter 注入
A．都是　　　　B．只有 1 是　　　　C．只有 2 是　　　D．都不是
21．在 SSM 框架中，Spring 的主要功能是(　　　)。
A．ICO 和 AOP　　　　　　　　B．数据的增删改查操作
C．业务逻辑的描述　　　　　　D．页面展示和控制转发

二、简答题

1. Spring 中的 AOP 是什么？举例说明。
2. 简述 AOP 和 OOP 的区别？

第五章　Spring MVC

本章讨论 Spring MVC(MVC—模型—视图—控制器)。MVC 是一个众所周知的以设计界面应用程序为基础的设计模式，它主要通过分离模型、视图及控制器在应用程序中的角色，从而将业务逻辑从界面中解耦。通常，模型负责封装应用程序数据以便其在视图层展示。视图仅仅负责展示这些数据，不包含任何业务逻辑。控制器则接收来自用户的请求，并调用后台服务来处理业务逻辑。处理后，后台业务层可能会返回一些需要在视图层展示的数据。控制器收集这些数据及准备模型在视图层展示。MVC 模式的核心思想是将业务逻辑从界面中分离出来，允许它们单独改变而不会相互影响。本章我们将学习 Spring MVC。

本章知识要点

- Spring MVC 概述；
- 创建第一个 Spring MVC 程序；
- Spring MVC RequestMapping 的基本设置；
- Spring MVC 前后台数据交互；
- Spring MVC 文件上传下载；
- Spring MVC 常用注解。

5.1　Spring MVC 概述

Spring MVC 是 SpringFrameWork 的后续产品，并已经融合在 Spring Web Flow 中。Spring 框架提供了构建 Web 应用程序的全功能 MVC 模块。使用 Spring 可插入 MVC 架构，可以选择使用内置的 Spring Web 框架或类似 Struts 这样的 Web 框架。通过策略接口，Spring 框架是高度可配置的，而且包含多种视图技术，例如 JavaServer Pages(JSP)、Velocity、Tiles、iText、POI 等技术。Spring MVC 框架并不知道使用的视图，所以不会要求只使用 JSP 技术。Spring MVC 分离了控制器、模型对象、分派器以及处理程序对象的角色，这种分离让它们更容易进行定制。在最简单的 Spring MVC 应用程序中，控制器是唯一的需要在 Java Web 部署描述文件(即 web.xml 文件)中配置的 Servlet。Spring MVC 控制器——通常称作 Dispatcher Servlet，实现了前端控制器设计模式，并且每个 Web 请求必须通过它，以便它能够管理整个请求的生命周期。

当一个 Web 请求发送到 Spring MVC 应用程序，dispatcher servlet 首先接收请求。然后组织那些在 Spring Web 应用程序上下文配置的(例如实际请求处理控制器和视图解析器)或者使用注解配置的组件，所有的这些都需要处理该请求。如图 5-1 所示为 Spring MVC 处理请求的过程。

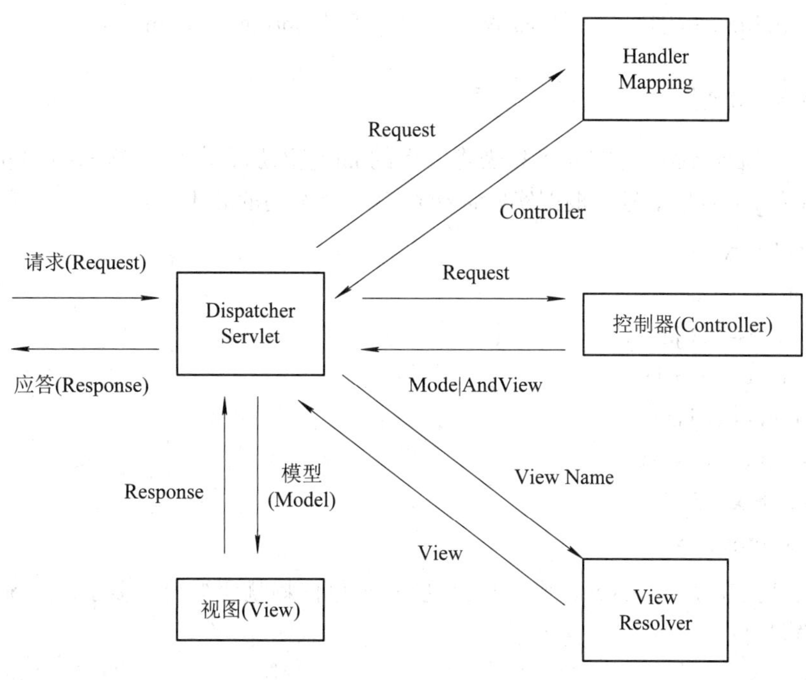

图 5-1　Spring MVC 处理请求

在 Spring 中定义一个控制器类，这个类必须标有@Controller 注解。当有@Controller 注解的控制器收到一个请求时，它会寻找一个合适的 Handler 方法去处理这个请求。这就需要控制器通过一个或多个 Handler 映射去把每个请求映射到 Handler 方法。为了这样做，一个控制器类的方法需要被@RequestMapping 注解装饰，使它们成为 Handler 方法。

Handler 方法处理完请求后，将把控制权委托给视图名与 Handler 方法返回值相同的视图。为了提供一个灵活的方法，一个 Handler 方法的返回值并不代表一个视图的实现而是一个逻辑视图，即没有任何文件扩展名。可以将这些逻辑视图映射到正确的实现，并将这些实现写入到上下文文件中，这样就可以轻松地更改视图层代码甚至不用修改请求 Handler 类的代码。为一个逻辑名称匹配正确的文件是视图解析器的责任。一旦控制器类已将一个视图名称解析到一个视图实现，它会根据视图实现的设计来渲染对应对象。下面一节中将创建第一个 Spring MVC 程序。

5.2　创建第一个 Spring MVC 程序

本节将通过建立一个简单的 Spring MVC 程序来帮助读者理解 Spring MVC 程序的开发步骤。

5.2.1 新建项目

本文并不限定使用什么类型的 IDE(如 Eclipse、NetBeans IDE 或者 IntelliJ IDEA，它们通过提供自动完成、重构、调试特性在很大程度上简化了开发)来编码。本书中 IDE 采用 Eclipse。在 Eclipse 里创建一个 Java Web 项目，名为 springmvcdemo。

5.2.2 导入 jar 包

对于一个 Spring MVC 的程序只需将以下的 jar 包添加到项目的 WEB-INF/lib 中即可。其中 xxx 代表 jar 的版本号，根据实际情况可以选择不同的版本号。

spring-jcl-xxx.jar
spring-aop-xxx.jar
spring-beans-xxx.jar
spring-context-xxx.jar
spring-core-xxx.jar
spring-expression-xxx.jar
spring-web-xxx.jar
spring-webmvc-xxx.jar

如果项目正在使用 maven，那么配置这些 jar 包依赖就变得简单多了。在 pom.xml 中添加以下依赖即可：

```
<!-- Spring 版本号 -->
<properties>
        <spring.version>xxx</spring.version>
</properties>
<!-- Spring 依赖 -->
<dependencies>
<!-- Spring 核心包 -->
<dependency>
<groupId>org.springframework</groupId>
<artifactId>spring-core</artifactId>
<version>${spring.version}</version>
</dependency>
<!-- Spring Web支持包 -->
<dependency>
<groupId>org.springframework</groupId>
<artifactId>spring-web</artifactId>
<version>${spring.version}</version>
</dependency>
<!-- Spring MVC支持包 -->
```

```
<dependency>
<groupId>org.springframework</groupId>
<artifactId>spring-webmvc</artifactId>
<version>${spring.version}</version>
</dependency>
</dependencies>
```

5.2.3 在 web.xml 中添加 Spring MVC 的配置

```
<servlet>
        <servlet-name>springmvc</servlet-name>
    <servlet-class>org.springframework.web.servlet.DispatcherServlet</servlet-class>
<!-- DispatcherServlet 初始化配置 -->
        <init-param>
            <param-name>contextConfigLocation</param-name>
            <param-value>classpath:springmvc-servlet.xml</param-value>
        </init-param>
<!-- 是否在启动的时候就加载 -->
        <load-on-startup>1</load-on-startup>
    </servlet>
    <servlet-mapping>
        <servlet-name>springmvc</servlet-name>
        <url-pattern>/</url-pattern>
    </servlet-mapping>
```

这里我们将 DispatcherServlet 命名为 springmvc，在 servlet 的配置中，<load-on-startup>1</load-on-startup>的含义是标记容器是否在启动的时候就加载这个 servlet。当值为 0 或者大于 0 时，表示容器在应用启动时就加载这个 servlet；当是一个负数或者没有指定时，则指示容器在该 servlet 被选择时才加载。正数的值越小，启动该 servlet 的优先级越高。这里值为 1，因此在 Web 项目一启动时就加载。接下来它会在类路径下加载名称为 springmvc-servlet.xml 的配置文件，如果 init-param 里 contextConfigLocation 不配置，那么 Spring MVC 会自己加载上下文里/WEB-INF/xxx-servlet.xml 作为其默认配置文件，这里的 xxx 代表 DispatcherServlet 在 web.xml 里所配置的 servlet-name 名称，很多时候这个配置文件通常被指定在 classpath 下，这个文件中可以定义各种各样的 Spring MVC 需要使用的 Bean。需要说明的是，对于整个 Web 项目里的 Spring 配置文件中定义的 Bean，在这个配置文件中是可以继承的。上面我们将所有的请求都交给 DispatcherServlet。

5.2.4 在类路径下添加 Spring MVC 的配置

Spring MVC 的配置文件名为 springmvc-servlet.xml，其中内容如下：

```
<?xml version = "1.0" encoding = "UTF-8"?>
```

```
<beans xmlns = "http://www.springframework.org/schema/beans"
    xmlns:xsi = "http://www.w3.org/2001/XMLSchema-instance"
    xmlns:context = "http://www.springframework.org/schema/context"
    xmlns:mvc = "http://www.springframework.org/schema/mvc"
    xsi:schemaLocation = "http://www.springframework.org/schema/beans
        http://www.springframework.org/schema/beans/spring-beans.xsd
        http://www.springframework.org/schema/context
        http://www.springframework.org/schema/context/spring-context.xsd
        http://www.springframework.org/schema/mvc
        http://www.springframework.org/schema/mvc/spring-mvc.xsd">
    <!-- 启动spring自动扫描 -->
    <context:component-scan base-package = "com.test.controller"/>
   <!-- 启动Spring MVC的注解功能，完成请求和注解POJO的映射 -->
 <mvc:annotation-driven />
        <!-- 配置视图解析器 -->
    <bean class = "org.springframework.web.servlet.view.InternalResourceViewResolver"
            id = "internalResourceViewResolver">
        <!-- 前缀 -->
        <property name = "prefix" value = "/WEB-INF/jsp/" />
        <!-- 后缀 -->
        <property name = "suffix" value = ".jsp" />
    </bean>
</beans>
```

Spring MVC 在 Controller 控制层方法中通常返回的是逻辑视图，如何定位到真正的页面，就需要通过视图解析器。Spring MVC 里提供了多个视图解析器，InternalResourceViewResolver 就是其中之一，InternalResourceViewResolver 是比较常用的视图解析器，它会自动添加前缀(prefix)和后缀(suffix)，在上面的配置中当处理器 Controller 中的方式返回逻辑视图字符串“index”时，它实际要定向的页面应该是/WEB-INF/jsp/index.jsp。

5.2.5 建立视图文件

在 WEB-INF/jsp 下建立 ShowUser.jsp，用于显示测试成功的页面，其代码如下：

```
<%@ page language = "java" pageEncoding = "utf-8"%>
<!DOCTYPE HTML PUBLIC "-//W3C//DTD HTML 4.01 Transitional//EN">
<html>
<head>
<title>测试</title>
</head>
<body>
    测试页面！
```

```
</body>
</html>
```

5.2.6 建立 Controller 控制层文件

在 com.test.controller 包下建立 UserController.java，控制器主要负责从视图读取数据，控制用户输入，并向模型发送数据，然后把模型处理的结果返回给视图。代码如下：

```
@Controller
@RequestMapping("/user")
public class UserController {
    @RequestMapping("/showUser")
    public String showUser() {
        return "ShowUser";
    }
}
```

上面的 showUser 方法执行完成后返回“ShowUser”字符串，这个字符串是一个逻辑视图，它对应一个具体的视图，根据 5.2.4 小节关于 springmvc-servlet.xml 中 ViewResolver 的配置，我们可以知道它对应的具体视图是/WEB-INF/jsp/ShowUser.jsp。Spring MVC 中的逻辑视图返回方式除了直接以字符形式返回外，常常还通过 ModelMap 或 ModelAndView 方式返回。如 ModelAndView 方式返回逻辑视图的代码如下：

```
@RequestMapping("/showUser")
    public ModelAndView showUser() {
        return new ModelAndView("ShowUser", "message", "test message!");
    }
```

第一个参数是逻辑视图字符串，第二个参数是要往 ShowUser 视图上传递参数的名称，第三个参数是要往 ShowUser 视图上传递参数的值。

5.2.7 部署运行项目

项目部署好之后，启动服务器，在浏览器里输入如下地址进行测试：http://localhost:8080/springmvcdemo/user/showUser，可以看到如图 5-2 所示结果。

图 5-2 测试结果

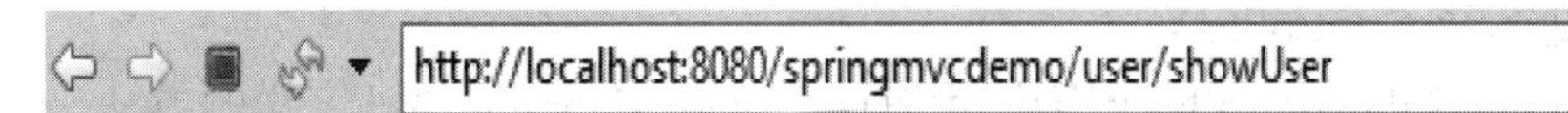

当能看到上面的页面说明时我们的第一个 Spring MVC 程序已经正确地建立好了。本程序在 Eclipse 里的结构如图 5-3 所示。

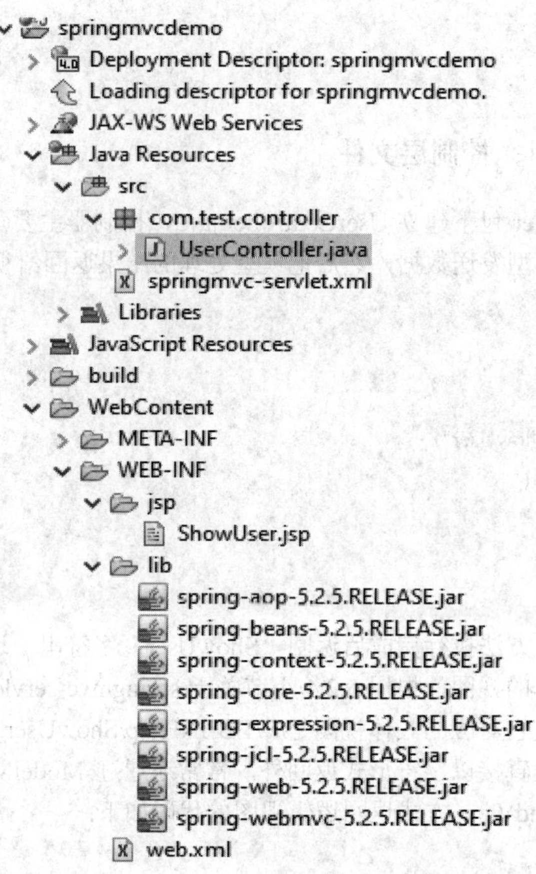

图 5-3　程序在 Eclipse 里的结构

上面讲解了 Spring MVC 第一个程序的建立，接下来我们将分别介绍 Spring MVC 在开发中的常用配置用法。

5.3　Spring MVC RequestMapping 的基本设置

在上一节中类的上面注解@RequestMapping("/user")表示所有的 user 请求会全部进入该类进行处理，同时也在 showUser 方法上加上了@RequestMapping("/showUser")，表示所有的 showUser 请求都会进入该 Controller。

在 Spring MVC 中自定义的 controller 中会调用有@RequestMapping 注解字样的方法来处理请求。当然可以编写多个处理请求的方法，而这些方法的调用都是通过@RequestMapping 的属性类控制调用的。

(1) @RequestMapping 的 value 属性需要指定请求的实际地址，指定的地址可以是 URI Template 模式(最终请求的 url 为类的注解的 url+方法注解的 url)，@RequestMapping 的 value 属性值有以下三类：

第一类：可以指定为普通的具体值。主要代码如下：

```
@Controller
@RequestMapping("/user")
public class UserController {
    @RequestMapping("/showUser")
    public String showUser() {
        return "ShowUser";
    }
}
```

该注解当请求的 url 为“user/showUser”就会进入该方法(showUser)处理。

第二类：可以指定为含有某变量的一类值。主要代码如下：

```
@Controller
@RequestMapping("/user")
public class UserController {
    @RequestMapping(value = "/{userId}/deleteUser", method = RequestMethod.GET)
    public String deleteUser(@PathVariable String userId) {
        System.out.println("delete:" + userId);
        return "ShowUser";
    }
}
```

这个注解 url 中带了参数 userId 的值，当使用 url“user/123/deleteUser”时“123”会被匹配成 userId 的值，使用@PathVariable 指定形参接收 url 中的 userId 值。

第三类：可以指定为含正则表达式的一类值。主要代码如下：

```
@Controller
@RequestMapping("/user")
public class UserController {
    @RequestMapping(value = "/{userBirth:\\d{4}-\\d{2}-\\d{2}}/updatcUser")
    public String updateUser(@PathVariable String userBirth) {
        System.out.println("userBirth:" + userBirth);
        return "ShowUser";
    }
}
```

这个注解当请求的 url 类似 user/1992-09-18/updateUser 时，userBirth 的值通过“\\d{4}-\\d{2}-\\d{2}”正则表达式来匹配，使用@PathVariable 指定形参接收 url 中的 userBirth 的值。

(2) method：指定请求的 method 类型，如 GET、POST、PUT、DELETE 等(也就是说只有制定类型的请求才会进入该方法处理)。

(3) consumes：指定处理请求的提交内容类型(Content-Type)，例如 application/json、text/html。

(4) produces：指定返回的内容类型，仅当 request 请求头中的 Accept 类型中包含该指定类型才返回。

(5) params：指定 request 中必须包含某些参数值时才让该方法处理请求。

(6) headers：指定 request 中必须包含某些指定的 header 值时才让该方法处理请求。

当类没有@RequestMapping 注解时，则直接参考方法的注解匹配对应的 url。主要代码如下：

```
@Controller
public class UserController {
    @RequestMapping("/showUser")
    public String showUser() {
        return "ShowUser";
    }
}
```

这里当我们输入的地址是“showUser”时 Spring MVC 直接用 showUser 方法来处理请求。

5.4 Spring MVC 参数处理

在 Spring MVC 里前后台数据的交互主要依靠 Controller 实现，Controller 获取前端视图向后台请求的值，并且把后台返回的值传递给前端视图展示给用户。在上一节中类的上面加上注解@Controller，表示该类是一个处理请求和应答的 Controller，接下来我们将学习 Controller 如何实现前后台数据交互。

5.4.1 Controller 获取前台传递的参数

以下是写在 HTML 表单里待传递的前台数据代码片段：

```
<form action = "addUser" method = "post">
    用户名:<input type = "text" name = "name"/><br/>
    年龄:<input type = "text" name = "age"/><br/>
    <input type = "submit" value = "添加"/>
</form>
```

接收前台表单数据通常可以使用以下两种方式。

方式一：直接使用形参获取前台传递的参数，要注意的是形参的名字必须和页面参数的名字一致。代码如下：

```
@RequestMapping(value = "/addUser", method = RequestMethod.POST)
    public String addUser(Model model, String name, Integer age) {
        System.out.println("name:" + name + "age:" + age);
        return "ShowUser";
    }
```

如果上面的形参和页面参数的名字不一致则可以使用@ModelAttribute 来指定形参要接收的参数的值。上面页面参数的名字 name 的值可以用形参名为 nickname 的来接收它传递上来的值，代码如下：

```
@RequestMapping(value = "/addUser", method = RequestMethod.POST)
    public String addUser(Model model, @ModelAttribute("name")String nickname, Integer age) {
        System.out.println("name:" + nickname + "age:" + age);
        return "ShowUser";
    }
```

方式二：使用对象接受前台传递的参数，要注意的是前台传递的参数的名称必须和对象的属性名称一致，代码如下：

```
@RequestMapping(value = "/addUser", method = RequestMethod.POST)
  public String addUser(Model model, User user) {
      System.out.println("name:" + user.getName() + "age:" + user.getAge());
      return "ShowUser";
  }
```

如果上面的形参和页面参数的名字不一致也可以使用@ModelAttribute 的方式来指定要接收的参数值，代码如下：

```
@RequestMapping(value = "/addUser", method = RequestMethod.POST)
  public String addUser(Model model, User user, @ModelAttribute("name")String nickname) {
      System.out.println("name:" + nickname + "age:" + user.getAge());
      return "ShowUser";
  }
```

上面在方法的入参前使用@ModelAttribute 注解，页面参数的名字 name 的值可以用形参名为 nickname 来接收，当在方法定义上使用@ModelAttribute 注解时，Spring MVC 在调用目标处理方法前，会先逐个调用在方法级上标注了@ModelAttribute 的方法，主要代码如下：

```
public class BaseController {
    protected HttpServletRequest request;
    protected HttpServletResponse response;
    protected HttpSession session;
      @ModelAttribute
    public void setReqAndRes(HttpServletRequest request, HttpServletResponse response){
        this.request = request;
        this.response = response;
        this.session = request.getSession();
    }
}
```

我们可以把这个@ModelAttribute 特性应用在 BaseController 当中，所有的 Controller

继承 BaseController，即在调用 Controller 时，先执行@ModelAttribute 方法，比如权限的验证(也可以使用 Interceptor)等。上述 HttpServletRequest、HttpServletResponse 的获取通过直接设置形参的方式，Spring 会自动将对应的对象传递给对应的形参，实际上 HttpSession 也可以通过设置形参自动传入的方式获取。

5.4.2 Controller 传递参数到前台

方式一：直接通过 request 对象传递。

前面我们讲到可以在 controller 中获取 request 对象，之后我们可以调用 setAttribute 方法将数据设置到 request 对象里，然后使用转发的方式进入 jsp 再通过调用 getAttribute 把值取出来即可。

方式二：直接通过返回值 ModelAndView 对象传递。

将方法的返回值放在 ModelAndView 里返回时，将数据存储在 ModelAndView 对象中，如 new ModelAndView("showUser", "message", message)，代码如下：

```
@RequestMapping("/showUser")
public ModelAndView showUser() {
    ModelAndView modelAndView = new ModelAndView("ShowUser", "message", "test message!");
    return modelAndView;
}
```

上面代码使用 ModelAndView 对象将数据传递到前台，ModelAndView 对象有三个参数，其中第一个参数为 url，第二个参数为要传递的数据的 key，第三个参数为数据对象，当要传递多个参数时可以多次调用 modelAndView.addObject("attributeName", attributeValue)，addObject 里传入的参数的值 attributeValue 是 Object 类型，所以理论上说可以传入任何类型的值。在这里要注意数据默认是存放在 request 中的，在前台获取数据的方式是：

```
${requestScope.message}
${requestScope.attributeName}
```

方式三：直接通过参数列表中添加形参 ModelMap 传递。

当向前台传递多个参数时，除了可以多次调用 modelAndView 的 addObject 外，我们也可以用 ModelMap 的方式。首先在方法的参数列表中添加形参 ModelMap，Spring 将自动创建 ModelMap 对象，然后调用 ModelMap 的 put(key，value)或者 addAttribute(key，value)将数据放入 ModelMap 中，Spring 自动将数据存入 request。代码如下：

```
@RequestMapping("/showUser")
public String showUser(ModelMap map) {
    map.put("message", "test message!");
    map.addAttribute("attributeName", "attributeValue");
    return "ShowUser";
}
```

在前台获取数据的方式和 ModelAndView 是一样的，这里就不再赘述。

在 Spring MVC 中，controller 中方法的返回值除了可以返回我们上面见过的 String、ModelAndView 和 ModelMap 三种类型外，还可以有 void、Map、Object、List、Set 等类型。返回值类型为 void 时只是纯粹地执行了方法中的程序，程序响应的视图 URL 依然为请求的视图 URL；返回值类型为 Map、Object、List、Set 等类型时，Spirng 会将返回的对象自动存储在 request 中。和 void 类型一样，程序响应的视图 URL 依然为请求的视图 URL。

5.4.3 Controller 参数 Json 序列化与反序列化

Json(JavaScript Object Notation)，它是一种轻量级数据交换格式，格式简单，易于读写，目前使用特别广泛。在处理序列化与反序列化 Json 数据时，Spring MVC 提供了注解@ResponseBody 和@RequestBody，@ResponseBody 用于将 controller 的方法返回的对象，通过 Spring MVC 提供的 HttPMessageConverter 接口转换为指定格式的 json 数据，然后通过 Response 响应给客户端。@RequestBody 用于读取 http 请求的内容(字符串)，通过 Spring MVC 提供的 HttpMessageConverter 接口将读到的内容(json 数据)转换为 Java 对象并绑定到 controller 方法的参数上。Spring MVC 默认用 MappingJacksonHttpMessageConverter 对 json 数据进行转换，接下来将以 jackson 处理 json 参数为例阐述 Controller 对参数的 Json 序列化与反序列化。

(1) 需要加入 jackson 的包，jackson 的包下载地址为 https://github.com/FasterXML/jackson，下载解压后把 jackson-core-xxx.jar、jackson-annotations-xxx.jar 和 jackson-databind-xxxjar 三个包加入工程即可。

(2) springmvc-servlet.xml 文件配置，如果配置文件中配置过注解驱动<mvc:annotation-driven />，如果<mvc:annotation-driven />之前已经配置则无须多余配置，如果不能在 springmvc-servlet.xml 中配置<mvc:annotation-driven />则需要在 springmvc-servlet.xml 中作如下配置：

```
<!-- 注解适配器 -->
<bean class="org.springframework.web.servlet.mvc.method.annotation.RequestMappingHandlerAdapter">
    <property name="messageConverters">
        <list>
            <bean
class="org.springframework.http.converter.json.MappingJacksonHttpMessageConverter"></bean>
        </list>
    </property>
</bean>
```

(3) 对需要序列化的参数(一般是 controller 里方法的返回对象)或反序列化的参数(一般是 controller 里方法的请求对象)进行注解。代码如下：

```
@RequestMapping(value = "/getJsonUser")
    public @ResponseBody User getJsonUser() {
        User resUser = new User();
        resUser.setName("zhangsan");
```

```
        resUser.setAge(22);
    //resUser是需要spring MVC进行序列化成Json字符串进行返回的对象
        return resUser;
    }
    @RequestMapping(value = "/setJsonUser")
    //reqUser是需要把请求的Json反序列化的参数对象
    public User getJsonUser(@RequestBody User reqUser) {
        System.out.println("name--:" + reqUser.getName() + "\tage:" + reqUser.getAge());
        return reqUser;
    }
```

5.5 Spring MVC 处理静态资源

如果在 web.xml 里将 DispatcherServlet 请求映射配置为“/”，则 Spring MVC 将捕获 Web 容器所有的请求，包括静态资源的请求，Spring MVC 会将它们当成一个普通请求处理，因此找不到对应处理器将导致错误。如何让 Spring 框架能够捕获所有 URL 的请求，同时又将静态资源的请求转由 Web 容器处理，有以下三种解决方案供选择。

(1) 采用<mvc:default-servlet-handler />配置。

在 springmvc-servlet.xml 中配置如下代码进行处理：

```
<mvc:default-servlet-handler />
```

此时 Spring MVC 会在上下文中定义一个 org.springframework.web.servlet.resource.DefaultServletHttpRequestHandler，它会像一个检查员，对进入 DispatcherServlet 的 URL 进行筛查，如果发现是静态资源的请求，就将该请求转由 Web 应用服务器默认的 Servlet 处理，如果不是静态资源的请求，才由 DispatcherServlet 继续处理。

(2) 配置 default 的 servlet 来处理。

此时还需在 web.xml 中增加对静态资源的处理，代码如下：

```
<servlet-mapping>
        <servlet-name>default</servlet-name>
        <url-pattern>/resources/*</url-pattern>
</servlet-mapping>
```

注意当前的设置必须在 Spring 的 Dispatcher 的前面，配置里的"default"是 Web 应用服务器默认的 Servlet 名称。

(3) 采用<mvc:resources />配置。

在实际开发中很多时候采用<mvc:resources />方式进行配置，<mvc:default-servlet-handler />将静态资源的处理经由 Spring MVC 框架交回 Web 应用服务器处理。而<mvc:resources />更进一步，由 Spring MVC 框架自己处理静态资源，并添加一些有用的附加值功能。

首先，<mvc:resources />允许静态资源放在任何地方，如 WEB-INF 目录下、类路径下等，甚至可以将 JavaScript 等静态文件打到 JAR 包中。通过 location 属性指定静态资源的位置，由于 location 属性是 Resources 类型，因此可以使用诸如“classpath:”等的资源前缀指定资源位置。传统 Web 容器的静态资源只能放在 Web 容器的根路径下，<mvc:resources />完全打破了这个限制。

其次，<mvc:resources />依据当前著名的 Page Speed、YSlow 等浏览器优化原则对静态资源提供优化。你可以通过 cacheSeconds 属性指定静态资源在浏览器端的缓存时间，一般可将该时间设置为一年，以充分利用浏览器端的缓存。

例如在 springmvc-servlet.xml 中添加如下配置：

```
<mvc:resources location="/,classpath:/META-INF/publicResources/" mapping="/resources/**"/>
```

以上配置将 Web 根路径“/”及类路径下 /META-INF/publicResources/ 的目录映射为 /resources 路径。假设 Web 根路径下拥有 images、js 这两个资源目录，在 images 下面有 bg.gif 图片，在 js 下面有 test.js 文件，则可以通过 /resources/images/bg.gif 和/resources/js/test.js 访问这两个静态资源。假设 Web 根路径还拥有 images/bg1.gif 及 js/test1.js，则也可以在网页中通过/resources/images/bg1.gif 及/resources/js/test1.js 进行引用。

5.6 Spring MVC 常用注解

Spring MVC 从 2.5 版本开始在编程中引入注解，除了前面我们使用过的@Controller、@RequestMapping、@RequestParam 和@ModelAttribute 外，Spring MVC 还提供了大量不同功能的注解，Spring MVC 的注解随 Spring 版本的不断升级而不断扩展。下面是 Spring MVC 中的常用注解。

1. @Controller

Controller 控制器负责处理由 DispatcherServler 分发过来的请求，它把用户请求的数据经过业务处理层处理之后封装成一个 Model，然后再把该 Model 返回给对应的 View 进行展示。Spring MVC 使用@Controller 定义控制器，它还允许自动检测定义在类路径下的组件并自动注册。如想自动检测生效，需在 XML 头文件下引入 spring-context，配置代码如下：

```
<?xml version = "1.0" encoding = "UTF-8"?><beans xmlns = "http://www.springframework.org/schema/beans"
  xmlns:xsi = "http://www.w3.org/2001/XMLSchema-instance"
  xmlns:p = "http://www.springframework.org/schema/p"
  xmlns:context = "http://www.springframework.org/schema/context"
  xsi:schemaLocation = "
    http://www.springframework.org/schema/beans
    http://www.springframework.org/schema/beans/spring-beans.xsd
    http://www.springframework.org/schema/context
    http://www.springframework.org/schema/context/spring-context.xsd">
 <context:component-scan base-package = "com.test.controller"/>
<!-- ... -->
</beans>
```

2. @RequestMapping

我们可以用@RequestMapping 注解将类似“/user”这样的 URL 映射到整个类或特定的处理方法上。一般来说，类级别的注解映射特定的请求路径到表单控制器上，而方法级别的注解只是映射为一个特定的 HTTP 方法请求(“GET”“POST”等)或 HTTP 请求参数。主要代码如下：

```
@Controller
@RequestMapping("/user")
public class UserController {
    @RequestMapping("/initAddUser")
    public String initAddUser() {
        return "AddUser";
    }
    @RequestMapping("/showUser")
    public String showUser(ModelMap map) {
        map.put("message", "test message!");
        map.addAttribute("attributeName", "attributeValue");
        return "ShowUser";
    }
    @RequestMapping(value = "/{userId}/deleteUser", method = RequestMethod.GET)
    public String deleteUser(@PathVariable String userId) {
        System.out.println("delete:" + userId);
        return "ShowUser";
    }
    @RequestMapping(value = "/{userBirth:\\d{4}-\\d{2}-\\d{2}}/updateUser")
    public String updateUser(@PathVariable String userBirth) {
        System.out.println("userBirth:" + userBirth);
        return "ShowUser";
    }
    @RequestMapping(value = "/addUser", method = RequestMethod.POST)
    public String addUser(Model model, User user, @ModelAttribute("name") String nickname) {
        System.out.println("name--:" + nickname + "\tage:" + user.getAge());
        return "ShowUser";
    }
}
```

@RequestMapping 既可以作用在类级别上，也可以作用在方法级别上。当它定义在类级别时，表明该控制器处理所有的请求都被映射到/user 路径下。@RequestMapping 中可以使用 method 属性标记其所接受的方法类型，如果不指定方法类型的话，可以使用 HTTP GET/POST 方法请求数据，但是一旦指定方法类型，就只能使用该类型获取数据。

@RequestMapping 可以使用 @Validated 与 BindingResult 联合验证输入的参数，在验证通过或失败的情况下，分别返回不同的视图。

@RequestMapping 支持使用 URI 模板访问 URL。URI 模板是像 URL 模样的字符串，由一个或多个变量名字组成，当这些变量有值的时候，它就变成了 URI。

3. @PathVariable

在 Spring MVC 中，可以使用@PathVariable 注解方法参数并将其绑定到 URI 模板变量的值上。URI 模板“/{userId}/deleteUser”指定变量的名字 userId，当控制器处理这个请求的时候，userId 的值会被设定到 URI 中。比如，当有一个像“123/ deleteUser”这样的请求时，userId 的值就是 123。

@PathVariable 可以有多个注解，代码如下：

```
@RequestMapping(value = "/{userId}/deleteUser/group/{groupId}", method = RequestMethod.GET)
   public String deleteUser(@PathVariable String userId, @PathVariable String groupId) {
       System.out.println("delete: userId" + userId+"groupId"+groupId);
       return "ShowUser";
   }
```

@PathVariable 中的参数可以是任意的简单类型，如 in、long、Date 等。Spring 自动将其转换成合适的类型或者抛出 TypeMismatchException 异常。当然，我们也可以注册支持另外的数据类型。

如果@PathVariable 使用 Map<String, String>类型的参数时，Map 会填充到所有的 URI 模板变量中。

@PathVariable 支持使用正则表达式，因而功能强大，它能在路径模板中使用占位符，可以设定特定的前缀匹配、后缀匹配等自定义格式。

@PathVariable 还支持矩阵变量，因为现实中用得不多，就不详细介绍了。

4. @RequestParam

@RequestParam 将请求的参数绑定到方法中的参数上，如@RequestParam String inputStr。其实，即使不配置该参数，注解也会默认使用该参数。如果想定义指定参数必须传入，可以将@RequestParam 的 required 属性设置为 true(如@RequestParam(value = "id", required = true))。

5. @RequestBody

@RequestBody 是指方法参数应该被绑定到 HTTP 请求 Body 上。代码如下：

```
@RequestMapping(value = "/something", method = RequestMethod.PUT)
public void handle(@RequestBody String body, Writer writer) throws IOException {
    writer.write(body);
}
```

如果觉得@RequestBody 不如@RequestParams 使用方便，我们可以使用 HttpMessageConverter 将 request 的 body 转移到方法参数上，HttMessageConverser 可以将 HTTP 请求消息在 Object 对象之间互相转换，但一般情况下不会这么做。事实证明，@RequestBody 在构建 REST 架

构时，比@RequestParam 有着更大的优势。

6. @ResponseBody

@ResponseBody 与@RequestBody 类似，它的作用是将返回类型直接输入到 HTTP response body 中。@ResponseBody 在输出 JSON 格式的数据时，会经常用到如下代码：

```
@RequestMapping(value = "/something", method = RequestMethod.PUT)
@ResponseBody public String helloWorld() {
    return "Hello World";
}
```

7. @RestController

我们经常见到一些控制器实现了 REST 的 API，只为服务于 JSON、XML 或其他自定义的类型内容，@RestController 用来创建 REST 类型的控制器与@Controller 类型。@RestController 就是这样一种类型，它避免了重复地写@RequestMapping 与@ResponseBody。主要代码如下：

```
@RestController
public class TestRestfulController {
    @RequestMapping(value = "/getUserName", method = RequestMethod.POST)
    public String getUserName(@RequestParam(value = "name") String name){
        return name;
    }
}
```

8. HttpEntity

HttpEntity 除了能获得 request 请求和 response 响应之外，它还能访问请求和响应头，代码如下：

```
@RequestMapping("/something")public    ResponseEntity<String>    handle(HttpEntity<byte[]>    requestEntity)
throws UnsupportedEncodingException {
    String requestHeader = requestEntity.getHeaders().getFirst("MyRequestHeader"));
    byte[] requestBody = requestEntity.getBody();
    HttpHeaders responseHeaders = new HttpHeaders();
    responseHeaders.set("MyResponseHeader", "MyValue");
    return new ResponseEntity<String>("Hello World", responseHeaders, HttpStatus.CREATED);
}
```

9. @ModelAttribute

@ModelAttribute 可以作用在方法或方法参数上，当它作用在方法上时，标明该方法的目的是添加一个或多个模型属性(model attributes)。该方法支持与@RequestMapping 一样的参数类型，但并不能直接映射成请求。控制器中的@ModelAttribute 方法会在调用@RequestMapping 方法之前被调用，代码如下：

```
@ModelAttribute
public Account addAccount(@RequestParam String number) {
    return accountManager.findAccount(number);
}
@ModelAttribute
public void populateModel(@RequestParam String number, Model model) {
    model.addAttribute(accountManager.findAccount(number));
    // add more ...
}
```

@ModelAttribute 方法用来在 model 中填充属性，如填充下拉列表、宠物类型或检索一个命令对象，比如账户(用来在 HTML 表单上呈现数据)。

@ModelAttribute 方法有两种形式：一种是添加隐形属性并返回它；另一种是该方法接受一个模型并添加任意数量的模型属性。用户可以根据自己的需要选择对应的形式。

当@ModelAttribute 作用在方法参数上时，表明该参数可以在方法模型中检索到。如果该参数不在当前模型中，则先将该参数实例化然后添加到模型中。一旦模型中有了该参数，则该参数的字段将填充所有请求参数匹配的名称中。这是 Spring MVC 中重要的数据绑定机制，它省去了单独解析每个表单字段的时间。

@ModelAttribute 是一种很常见的从数据库中检索属性的方法，它通过@Session Attributes 使用 request 请求存储。在一些情况下，可以很方便地通过 URI 模板的变量和类型转换器检索属性。

本章小结

本章我们主要学习了 Spring MVC，从 Spring MVC 概述开始到创建第一个 Spring MVC 程序和 Spring MVC RequestMapping 的基本设置、Spring MVC 前后台数据交互、以及 Spring MVC 常用注解，对 Spring MVC 的学习使我们了解到 Spring MVC 是非常优秀的 MVC 框架，它不仅结构简单，而且功能强大而灵活，性能也很优越，我们利用 Spring MVC 可以很容易地写出性能优秀的程序。

本章涉及代码下载地址：https://github.com/bay-chen/ssm2/blob/master/code/ springmvcdemo.rar。

练习题

一、选择题

1. 当一个 Web 请求发送到 Spring MVC 应用程序时，(　　)首先接收到该请求。

A．Servlet　　B．Spring MVC

C．DispatcherServlet　　D．Contorller

2. 在 Spring MVC 中定义一个控制器类，这个类必须标有(　　)注解。

A．@Controller　　B．@ResponseBody

C．@RequestMapping　　D．@SessionAttributes

3．下列关于@RequestMapping 的说明(　　)是不对的。

A．不能用来注解类

B．可以注解控制器类的方法

C．拥有 value 属性，该属性对应于 Web 请求地址

D．拥有 method 属性，可以指定接受 Web 请求方法类型

4．要使用 Spring MVC 的标签需要用(　　)引入对应的标签库。

A．<%@ taglib %>　　B．<%@ page %>

C．<%@ import %>　　D．<%@ link %>

5．下列关于 Spring MVC 国际化的说法中(　　)是不正确的。

A．需要创建.properties 的资源文件

B．资源文件中的格式是“键值对”格式，即“键 = 值”

C．在 JSP 页面，不需要引入额外的标签库

D．静态文字的地方需要<spring:message>标签

6．在 SSM 框架中，Spring MVC 承担的责任是(　　)。

A．定义实体类　　B．数据的增删改查操作

C．业务逻辑的描述　　D．页面展示和控制转发

7．要启动 Spring MVC 框架，在 web.xml 文件中需要配置(　　)。

A．监听器　　B．Spring MVC

C．Controller　　D．DispatcherServlet

8．返回一个 JSON 对象，这个类必须标有(　　)注解。

A．@Controller　　B．@ResponseBody

C．@RequestMapping　　D．@SessionAttributes

9．关于以下两种@RequestMapping 的说明正确的选择是(　　)。

(1) 不能用来注解类

(2) 可以注解控制器类的方法

A．都正确　　B．只有 1 正确

C．只有 2 正确　　D．都不正确

10．要使用<form:form>标签需要用(　　)引入标签库。

A．<%@ import %>　　B．<%@ page %>

C．<%@ taglib %>　　D．<%@ include%>

11．下列关于 Spring MVC 国际化的资源文件的格式说法中(　　)是正确的。

A．可以是 HTML 文件　　B．可以是 xml 文件

C．可以是 txt 文件　　D．可以是 properties 文件

二、填空题

1．当一个 Web 请求发送到 Spring MVC 应用程序，____________________首先接收请求。然后组织那些在 Spring Web 应用程序中上下文配置的(例如实际请求处理控制器和视

图解析器)或者使用注解配置的组件，所有的这些都需要处理该请求。

2. 在 Spring 中定义一个控制器类，这个类必须标有______________________注解。当有其注解的控制器收到一个请求时，它会寻找一个合适的_________________方法去处理这个请求。为了这样做，一个控制器类的方法需要被___________________________注解装饰。

3. Spring MVC 在 Controller 控制层方法中通常返回的是_____________，如何定位到真正的页面，就需要通过视图解析器，Spring MVC 里提供了多个视图解析器。

4. InternalResourceViewResolver 是比较常用的视图解析器，InternalResource ViewResolver 解析器会自动添加______________和____________，在上面的配置中，当处理器 Controller 中的方式返回逻辑视图字符串“index”时，它实际要定向的页面应该是__________________________________。

5. Spring MVC 常常还通过____________________或______________________方式返回逻辑视图。

6. 在 Spring MVC 中自定义的 controller 会调用有________________________注解字样的方法来处理请求。

7. 类上注解_____________________________表示该类是一个处理请求和应答的 Controller，Controller 可以实现前后台数据交互。

8. 注解________________________________将请求的参数绑定到方法中的参数上。

9. 在 Spring MVC 中，可以使用 ____________________________注解方法参数并将其绑定到 URI 模板变量的值上。

三、问答题

1. 列举 Spring MVC 的常用注解，并说明其作用。
2. Spring MVC 的运行流程是什么？
3. 简述使用 Spring MVC 框架进行编程的步骤。

第六章　Spring MVC、Spring、MyBatis 的集成

前面几章中学习了 Spring、Spring MVC 和 MyBatis。我们知道，Spring 是一个轻量级的控制反转(IoC)和面向切面(AOP)的容器框架，它是为了解决企业应用开发的复杂性而创建的。Spring 使用基本的 JavaBean 来完成以前只能由 EJB 完成的事情，使企业应用开发变得简单高效，且可维护性得到极大提高。Spring MVC 是一个 MVC 的流程框架，Spring MVC 分离了控制器、模型对象、分派器以及处理程序对象的角色，这种分离让它们更容易进行定制，在流程处理方面更加灵活，可以很容易地进行扩展，并且可以和 Spring 框架进行无缝集成。MyBatis 是一个基于 Java 的持久层框架。MyBatis 提供的持久层框架包括 sql Maps 和 Data Access Objects(DAO)，MyBatis 消除了几乎所有的 JDBC 代码和参数的手工设置以及结果集的检索。MyBatis 使用简单的 XML 或注解用于配置和原始映射，将接口和 Java 的 POJOs(Plain Old Java Objects，普通的 Java 对象)映射成数据库中的记录。下面将对这三个框架(简称：SSM)的集成进行讲解。

本章知识要点

- 依赖包的下载；
- Spring 与 MyBatis 的集成；
- 集成 Spring MVC；
- 进一步优化与配置。

6.1　依赖包的下载

1. Spring 和 Spring MVC 包下载

进入 http://repo.spring.io/milestone/org/springframework/spring 选择要下载的 Spring 版本，最新的 Spring 已经更新到了 5 系列，本章中使用的 Spring 版本为 5.2.5，所下载的包为 spring-5.2.5.RELEASE-dist.zip。

2. MyBatis 下载

进入 https://github.com/mybatis 或 http://code.google.com/p/mybatis(可能要通过代理方式)

下载MyBatis的发布包，本章中使用的MyBatis的版本是3.5.4，所下载的包为mybatis-3.5.4.zip。

3. Spring 和 MyBatis 集成中间包下载

进入 http://www.mybatis.org/spring/ 下载集成中间包，本章使用的版本为 2.0.5，所下载的包为 mybatis-spring-2.0.5.zip，2.0.5 支持 Spring5+版本和 MyBatis3.5+及 Java8+。

4. 数据库驱动包下载

本章采用的是 MySQL5 作为数据库，在集成之前已经默认了该数据库。可以进入 http://www.mysql.com/products/connector/下载 mysql 的 java 驱动包，本例下载的版本为 mysql-connector- java- 5.1.47.zip，支持 MYSQL5+版本。

5. 数据库连接池包及其依赖包下载(可选)

Spring 提供了一种简单数据源 SimpleDriverDataSource 的方式和数据库进行交互，在实际项目中很多时候更需要性能更优的连接池来处理数据库交互。常用的连接池实现有 DBCP、c3p0、Druid 和 BoneCP 等，本章数据库连接池采用 Apache 的 DBCP2 方式实现，下载地址为 http://commons.apache.org/proper/commons-dbcp/download_dbcp.cgi。本章使用的版本为2.7.0，所下载的包为commons-dbcp2-2.7.0-bin.zip。DBCP2还依赖于Apache的Commons Pool公共开源包，下载地址为 http://commons.apache.org/proper/commons-pool/download_pool.cgi，下载包为 commons-pool2-2.8.0-bin.zip。

6. AspectJ 面向切面的框架(可选)

在配置 Spring 声明式事务和面向切面编程时 Spring 需要依赖 aspectj 的包，可以进入 http://www.eclipse.org/aspectj/downloads.php 下载框架包，本章使用的版本为 1.9.5，所下载的包为 aspectj-1.9.5.jar，下载的 aspectj-1.9.5.jar 需要用解压软件进行解压。

7. 日志包及日志依赖包下载(可选)

Spring 支持常见的多种日志系统集成。本章采用的是 Log4J 作为日志系统，可以进入 http://logging.apache.org/log4j/1.2/下载，本章使用的 Log4J 版本是 1.2.17，所下载的包为 log4J-1.2.17.zip。对于 Log4J 它要完成日志输出还依赖于 Apache 的 Commons Logging 公共开源包，下载地址为 http://commons.apache.org/proper/commons-logging/，下载包为 commons-logging-1.2-bin.zip。

以上是本章中在做集成时需要用到的包，如果项目正在使用 maven，那么配置这些 jar 包依赖就变得简单多了，只需在 pom.xml 中添加相应的依赖和版本即可。本章中采用直接建立 Web 工程的形式，把上面所下载的压缩包解开，把相应的 jar 复制到 Web 根目录下的 WEB-INF/lib 里，具体每一步所依赖的包，可参照后面每一节的依赖包的引入。所有的包如图 6-1 所示。

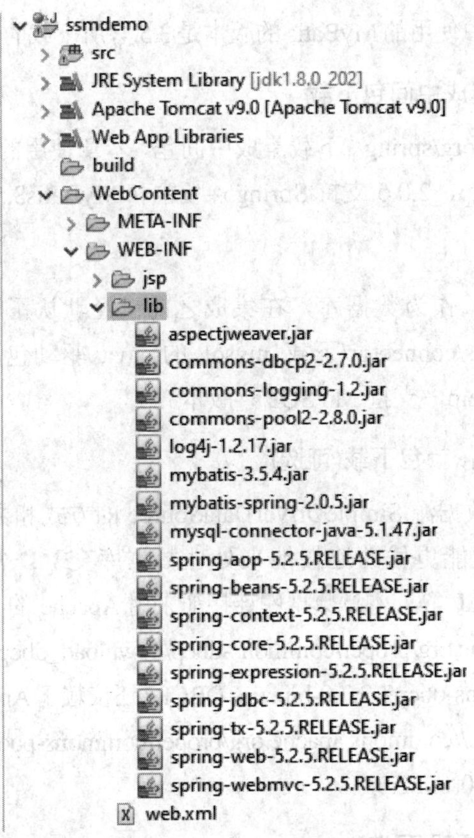

图 6-1　lib 下 jar 包

6.2　集成 MyBatis

Spring 与 MyBatis 的整合主要采用注解的方式，并在集成的基础上整合日志框架 Log4J 和事务，最后用 JUnit 进行测试集成的结果。集成步骤如下。

6.2.1　依赖包的引入

本节需要的引入的包有 Spring 框架的基础包(spring-aop-xxx.jar、spring-beans-xxx.jar、spring-context-xxx.jar、spring-core-xxx.jar、spring-expression-xxx.jar 和 spring-jcl-xxx.jar)、MyBatis 基础包(mybatis-xxx.jar)、MyBatis 操作数据库 Spring 支持包的驱动包(spring-jdbc-xxx.jar、spring-tx-xxx.jar 和 mysql-connector-java-xxx.jar)和集成中间包(mybatis-spring-xxx.jar)。

6.2.2　建立 Spring 上下文配置文件

Spring 上下文配置文件就是用来完成 Spring 和 MyBatis 的整合。主要配置 bean 自动扫描、SqlSessionFactory、Mapper 接口扫描等。这里在类路径建立文件名为 applicationContext.xml，关键代码如下：

```
<!-- spring的自动扫描bean包配置 -->
    <context:component-scan
        base-package="com.test.service" />
<!-- 数据源配置 -->
    <bean id="dataSource"
        class="org.springframework.jdbc.datasource.SimpleDriverDataSource">
        <property name="username" value="root" />
        <property name="password" value="root" />
        <property name="driverClass" value="com.mysql.jdbc.Driver" />
        <property name="url"
            value="jdbc:mysql:///mydb?characterEncoding=utf8" />
    </bean>
<!-- MyBatis的SqlSessionFactory Spring 方式配置 -->
    <bean id="sqlSessionFactory"
        class="org.mybatis.spring.SqlSessionFactoryBean">
        <property name="dataSource" ref="dataSource" />
        <!-- 自动加载映射文件所在包 -->
        <property name="mapperLocations"
            value="classpath:com/test/mapper/*.xml"></property>
        <!-- 实体类所在的包 -->
      <property name="typeAliasesPackage" value="com.test.domain"/>
    </bean>
<!--Mapper接口扫描包配置 -->
    <bean class="org.mybatis.spring.mapper.MapperScannerConfigurer">
        <property name="basePackage" value="com.test.dao" />
        <property name="sqlSessionFactoryBeanName"
            value="sqlSessionFactory"></property>
    </bean>
```

通过上面简单的配置，实现了 Spring 和 MyBatis 的集成。上面的配置中我们根据类或文件作用的不同，将它们分成了多个包，在配置时只需告诉 Spring 所在的包，由 Spring 自行扫描并生成相应的 Bean。在源代码的组成结构上，需要 Spring 自动扫描带有注解的类并生成相应的 Bean，事先可以通过 context:component-scan 的 base-package 进行配置，在配置 SqlSessionFactory 时，可以将 mapperLocations 配置为其指定 MyBatis 映射文件批量加载时的文件匹配方式，还可以通过 typeAliasesPackage 配置 MyBatis 需要类型别名的包。在实现 MyBatis 接口绑定调用时，只需为配置的 MapperScannerConfigurer 指定其 basePackage，Spring 便会自动实现对应包下的接口批量绑定，我们需要做的只是对需要绑定的接口进行 @Mapper 注释。上面的数据源采用 Spring 自带的 SimpleDriverDataSource，采用数据连接池的方式配置可以进一步提高数据库访问的效率。

6.3 集成 Spring MVC

上面已经完成了 Spring 和 MyBatis 的集成，Spring 实现了对 MyBatis 的托管，对 MyBatis 操作数据库的整个过程中关联的 Bean 进行了管理，从而有效地发挥了 Spring 框架和 MyBatis 框架的优势，接下来我们将把 Spring MVC 也集成进来，实现工程对 Web 开发环境的支持。

6.3.1 依赖包的引入

本节的集成是在 Spring 和 MyBatis 已经集成了的基础上添加 Spring MVC，现在只需要引入 Spring MVC 框架的基础包(spring-web-xxx.jar 和 spring-webmvc-xxx.jar)即可。

6.3.2 配置 web.xml 文件

在 web.xml 里主要配置字符串编码处理过滤器、Spring 和 Spring MVC 的加载方式。代码如下：

```
<context-param>
    <param-name>contextConfigLocation</param-name>
    <param-value>classpath:applicationContext.xml</param-value>
  </context-param>
  <listener>
    <listener-class>org.springframework.web.context.ContextLoaderListener</listener-class>
  </listener>
  <servlet>
    <servlet-name>springmvc</servlet-name>
    <servlet-class>org.springframework.web.servlet.DispatcherServlet</servlet-class>
   <init-param>
      <param-name>contextConfigLocation</param-name>
      <param-value>classpath:springmvc-servlet.xml</param-value>
    </init-param>
    <load-on-startup>1</load-on-startup>
  </servlet>
  <servlet-mapping>
    <servlet-name>springmvc</servlet-name>
    <url-pattern>/</url-pattern>
  </servlet-mapping>
```

关于上面配置：

(1) 在 web.xml 里配置的监听器 ContextLoaderListener，其作用是启动 Web 容器时，自动装配 ApplicationContext 的配置信息。因为它实现了 ServletContextListener 这个接口，在 web.xml 里配置这个监听器，启动容器时，就会默认执行它实现的方法。在 ContextLoaderListener 中关联了 ContextLoader 这个类，所以整个加载配置过程由 ContextLoader 来完成。

(2) DispatcherServlet 配置。要使用 Spring MVC，配置 DispatcherServlet 是第一步。DispatcherServlet 是一个 Servlet，所以可以配置多个 DispatcherServlet。DispatcherServlet 是前置控制器，配置在 web.xml 文件中，目的是拦截匹配的请求，servlet 拦截匹配的规则要自己定义，把拦截下来的请求，依据某规则分发到目标 Controller(我们写的 Controller)来处理。在 DispatcherServlet 的初始化过程中，框架会在 web 应用的 WEB-INF 文件夹下寻找名为[servlet-name]-servlet.xml 的配置文件，生成文件中定义的 Bean，同时也指明了配置文件的文件名 springmvc-servlet.xml。<load-on-startup>1</load-on-startup>是启动顺序，让这个 Servlet 随 Servlet 容器一起启动。

(3) 第一个<param-name>contextConfigLocation</param-name>配置是指明了 Spring 加载上下文是引用的 xml 文件名称，如果在 web.xml 中不写任何参数配置信息，默认的路径是"/WEB-INF/applicationContext.xml"，在 WEB-INF 目录下创建的 xml 文件的名称必须是 applicationContext.xml。如果要自定义文件名可以在 web.xml 里加入 contextConfigLocation 这个 context 参数，在<param-value> </param-value>里指定相应的 xml 文件名，如果有多个 xml 文件，可以写在一起并以","号分隔。也可以这样，applicationContext-*.xml 采用通配符，比如目录下有 applicationContext-mybatis-base.xml、applicationContext-action.xml、applicationContext-mybatis-dao.xml 等文件，都会一同被载入。在 ContextLoaderListener 中关联了 ContextLoader 这个类，所以整个加载配置过程由 ContextLoader 来完成。第二个<param-name>contextConfigLocation</param-name>配置是指明了 Spring MVC 加载上下文是引用的 xml 文件名称 springmvc-servlet.xml，如果在 web.xml 中不写任何参数配置信息，默认配置文件的路径是"/WEB-INF/xxx-servlet.xml"，这里的 xxx 代表 DispatcherServlet 在 web.xml 里所配置的 servlet-name 名称。本例配置的 servlet-name 为 springmvc，则 Spring MVC 会加载 WEB-INF 目录下 springmvc-servlet.xml 文件作为 Spring MVC 的全局配置文件。

(4) <url-pattern>/</url-pattern>表示 Spring MVC 会拦截 URL 中带"/"的请求，但设置成拦截 URL 带"/"的请求时需要注意处理交互过程中的静态资源，关于静态资源的处理请参照前面 5.5 Spring MVC 处理静态资源章节。

6.3.3　建立 Spring MVC 配置文件

我们前面已经学过 xxx-servlet.xml 作为 Spring MVC 默认配置文件，这里的 xxx 代表 DispatcherServlet 在 web.xml 里所配置的 servlet-name 名称，主要用于配置 Spring MVC 视图解析器和 Controller 的加载方式及部分静态资源等，主要代码如下：

```
<!-- 自动扫描该包，使SpringMVC认为包下用了@controller注解的类是控制器 -->
    <context:component-scan base-package="com.test.controller" />
<!-- jsp视图解析器，定义跳转的文件的前后缀，视图模式配置-->
```

```
<bean class="org.springframework.web.servlet.view.InternalResourceViewResolver">
    <!-- 这里的配置我的理解是自动给后面action的方法return的字符串加上前缀和后缀，变成一个可用的url地址 -->
    <property name="prefix" value="/WEB-INF/jsp/" />
    <property name="suffix" value=".jsp" />
</bean>
```

配置里的<context:component-scan base-package="com.test.controller" />告诉了 Spring MVC 控制器包的来源，通过在类里标注@controller 注解，Spring MVC 能自动扫描到 com.test.controller 的控制器类。context:component-scan 需要指定多个包时，可以用逗号来相隔开，context:component-scan 里已经包含了 context:annotation-config，但配置了 context:component-scan 时 context:annotation-config 可以省略。

6.4 进一步优化与配置

我们前面两节在 Spring 框架的基础上集成了 MyBatis 和 Spring MVC 框架，但要进行实际项目的开发，这可能仅仅是个开始，我们还需要进一步的优化和配置，接下来我们将在集成的基础上进行部分优化。

6.4.1 日志配置

良好的日志系统是一个项目不可或缺的跟踪调试工具，日志系统对于跟踪调试、程序状态记录、崩溃数据恢复都有非常现实的意义。目前可配置的日志框架比较多，其配置流程都大同小异，下面以配置 Log4j 为例进行介绍。

1．依赖包的引入

本节需要引入的包有 Log4j 框架的基础包(log4j-xxx.jar 和 commons-logging-xxx.jar)除此之外如果在工程里之前引用了 spring 的默认日志系统需要将 spring-jcl-xxx.jar 去除。

2．建立日志配置文件

日志配置文件通常采用 xml 或 properties 方式配置，以配置 log4j 为例，可以在 classpath 下建立 log4j.properties，部分配置方式如下：

```
log4j.rootLogger=DEBUG, Console
log4j.appender.Console=org.apache.log4j.ConsoleAppender
log4j.appender.Console.layout=org.apache.log4j.PatternLayout
log4j.appender.Console.layout.ConversionPattern=%d [%t] %-5p [%c] - %m%n
```

6.4.2 连接池配置

数据库连接池是负责分配、管理和释放数据库连接,它允许应用程序重复使用一个现有的数据库连接，而不是再重新建立一个，能很大程度提高对数据库操作的性能。本节以

DBCP 数据库连接池的实现为例。

1．依赖包的引入

本节需要引入的包有 DBCP 数据库的连接池实现的基础包(commons-dbcp2-xxx.jar 和 commons-pool2-xxx.jar)。

2．修改 Spring 上下文配置文件

在 applicationContext.xml 中，我们需要修改 dataSource 的配置使其引入 DBCP 数据库连接池支持类，部分配置如下：

```
<bean id="dataSource" class="org.apache.commons.dbcp2.BasicDataSource" destroy-method="close">
    <property name="driverClassName" value="com.mysql.jdbc.Driver"/>
    <property name="url" value="jdbc:mysql:///mydb?characterEncoding=utf8"/>
    <property name="username" value="root"/>
    <property name="password" value="root"/>
    <property name="initialSize" value="0"/>
    <property name="maxTotal" value="20"/>
    <property name="maxIdle" value="20"/>
    <property name="minIdle" value="1"/>
    <property name="maxWaitMillis" value="60000"/>
    <property name="defaultAutoCommit" value="false"/>
</bean>
```

6.4.3　事务配置

事务管理是应用系统开发中必不可少的一部分，Spring 为事务管理提供了丰富的功能支持。Spring 事务管理有两种方式，一种是编程式事务，其使用 TransactionTemplate 或者直接使用底层的 PlatformTransactionManager。对于编程式事务管理，spring 推荐使用 TransactionTemplate。第二种是声明式事务，其建立在 AOP 之上，本质是对方法前后进行拦截，然后在目标方法开始之前创建或者加入一个事务，在执行完目标方法之后根据执行情况提交或者回滚事务。声明式事务最大的优点就是不需要通过编程的方式管理事务，这样就不需要在业务逻辑代码中掺杂事务管理的代码，只需在配置文件中做相关的事务规则声明(或通过基于@Transactional 注解的方式)，便可以将事务规则应用到业务逻辑中。声明式事务配置通常有以下两种：

1．规则声明式

规则声明式事务把处理规则通过在配置文件中声明一个切点和通知实现，需要加入面向切面编程的 aspectjweaver.jar 包，这种方式不用在代码里加任何的实现。其主要配置代码如下：

```
<!-- 事务管理器配置 -->
    <bean id="transactionManager"
        class="org.springframework.jdbc.datasource.DataSourceTransactionManager">
```

```
        <property name="dataSource" ref="dataSource" />
    </bean>
    <!-- (AOP事务管理方法匹配规则) -->
    <tx:advice id="txAdvice"
        transaction-manager="transactionManager">
        <tx:attributes>
            <tx:method name="delete*" propagation="REQUIRED"
                read-only="false" rollback-for="java.lang.Exception" />
            <tx:method name="insert*" propagation="REQUIRED"
                read-only="false" rollback-for="java.lang.Exception" />
            <tx:method name="update*" propagation="REQUIRED"
                read-only="false" rollback-for="java.lang.Exception" />
            <tx:method name="save*" propagation="REQUIRED"
                read-only="false" rollback-for="java.lang.Exception" />
            <tx:method name="*" propagation="SUPPORTS" read-only="true" />
        </tx:attributes>
    </tx:advice>
    <!-- AOP事务处理 -->
    <aop:config>
        <aop:pointcut id="allServiceMethods"
            expression="execution(* com.test.service..*(..))" />
        <aop:advisor pointcut-ref="allServiceMethods"
            advice-ref="txAdvice" />
    </aop:config>
```

以上配置将对 com.test.service 下所有的类实施事务管理规则匹配，除方法名以 delete、save、update 和 insert 开头的外，其余方法均以只读事务的方式进行，以上配置只需在文件里配置好，开发过程中方法名需要和 tx:method 相匹配。

2．注解声明式

注解声明式事务的事务管理规则不用配置在文件里，它在使用事务时依靠@Transactional 注解的方式去指定。其主要配置代码如下：

```
<!-- 事务管理器配置 -->
    <bean id="transactionManager"
        class="org.springframework.jdbc.datasource.DataSourceTransactionManager">
        <property name="dataSource" ref="dataSource" />
    </bean>
    <!-- 开启事务注解 -->
    <tx:annotation-driven transaction-manager="transactionManager"/>
```

注释声明式由于其配置简便和使用灵活，是目前主要的使用方式。

6.4.4　使用外置 properties 文件

在 Spring 的框架中，PropertyPlaceholderConfigurer 类可以将.properties(key/value 形式)文件中一些动态设定的值(value)，在 XML 中替换为占位该键(${key})的值，properties 文件可以根据客户需求，自定义一些相关的参数，这样的设计可提高程序的灵活性。代码如下：

```
<bean id="propertyConfigurer"
        class="org.springframework.beans.factory.config.PropertyPlaceholderConfigurer">
        <property name="location" value="classpath:jdbc.properties" />
</bean>
```

上面配置可以在 jdbc.properties 文件里通过 key= value 形式定义好 key 的值，在 XML 配置文件中需要引入该值 value 的地方使用${key}方式替代。

本章小结

在本章中我们学习了怎样将 Spring、Spring MVC 和 MyBatis 与框架集成。在此基础上对整合好的 SSM 进一步的做一些常用优化和配置，根据项目的实际情况，上面这些优化只是初级的，随着项目的推进，要做的优化和配置会是更多。

本章涉及代码下载地址为：https://github.com/bay-chen/ssm2/blob/master/code/ssmdemo.rar。

练习题

简答题

1. 简述 Spring、Spring MVC、MyBatis 集成的意义和步骤。
2. 简述 SSM 集成后每个框架的职责和用途。

第七章 Spring Boot 入门

前面几章我们学习了 Spring MVC、Spring 和 MyBatis 三大框架，并在此基础上进行了三大框架的集成，随着学习的深入，我们不难发现 Spring 虽然号称是 Java EE 轻量级的框架，但由于其繁琐的配置，各种 XML、Annotation 配置会让人眼花缭乱，这给 Spring 应用程序的开发和维护增加了不小的难度。未来随着微服务的不断发展，项目会从传统架构慢慢转向微服务架构，微服务可以使不同的团队专注于更小范围的工作职责，使用独立的技术，快速进行项目开发，更频繁地进行部署。Spring Boot 对于这些环节都提供了很好的支持。

本章知识要点

- Spring Boot 简介；
- 用 Spring Boot 创建第一个 Web 应用程序；
- Spring Boot Starter 模块；
- Spring Boot 对 Jsp 的支持配置；
- Spring Boot 静态资源的处理；
- 用 Spring Boot 整合 MyBatis；
- Spring Boot 事务处理；
- Spring Boot 常见的配置项；
- Spring Boot Web 应用程序的发布。

7.1 Spring Boot 简介

Spring Boot 是由 Pivotal 团队提供的全新框架，其设计目的是用来简化新 Spring 应用的初始搭建以及开发过程，另外 Spring Boot 整合了很多优秀的框架，不用我们自己手动编写一堆 xml 配置代码然后再进行配置，该框架使用了特定的方式来进行配置，从而使开发人员不再需要定义样板化的配置。通过这种方式，Spring Boot 致力于在蓬勃发展的快速应用开发领域(Rapid Application Development)成为领导者。

1．Spring Boot 的特征

(1) Spring Boot 继承了 Spring 优秀的基因，利用其开发 Spring 应用，开发工作将变得更为方便快捷；

(2) Spring Boot 极大地简化了 Spring 配置和编码；

(3) 可以创建独立的 Spring 应用程序，并且基于其 Maven 或 Gradle 插件，可以创建可执行的 JARs 和 WARs；

(4) 内嵌 Tomcat 或 Jetty 等 Servlet 容器，简化了软件项目部署；

(5) 提供自动配置的“starter”项目对象模型(POMS)以简化 Maven 配置；

(6) 尽可能自动配置 Spring 容器；

(7) 提供准备好的特性，如指标、健康检查和外部化配置；

(8) 集成度较高，使用过程中不太容易了解底层。

2. Spring Boot 的核心功能

(1) 独立运行的 Spring 项目。

Spring Boot 可以以 jar 包的形式独立运行，运行一个 Spring Boot 项目只需通过执行 java–jar xx.jar 即可实现。

(2) 内嵌 Servlet 容器。

Spring Boot 可选择内嵌 Tomcat、Jetty 或者 Undertow，这样我们无须以 war 包形式来部署项目。

(3) 提供 starter 简化 Maven 配置。

Spring 提供了一系列的 starter pom 来简化 Maven 的依赖加载，例如，当你使用了 spring-boot-starter-web 时，会自动加入相关的依赖包。

(4) 自动配置 Spring。

Spring Boot 会根据在类路径中的 jar 包、类，为 jar 包里的类自动配置 Bean，这样会极大地减少需要使用的配置。当然，Spring Boot 只考虑了大多数的开发场景，并不是所有的场景，若在实际开发中确定需要自动配置 Bean，而 Spring Boot 没有提供支持，则可以自定义自动配置。

(5) 准生产的应用监控。

Spring Boot 提供基于 http、ssh、telnet 对运行时的项目进行监控。

(6) 无代码生成和 xml 配置。

Spring Boot 的神奇之处是它不是借助于代码生成来实现 Spring 配置，而是通过条件注解来实现 Spring 配置，这是 Spring 4.x 提供的特性。Spring 4.x 提倡使用 Java 配置和注解配置组合，而 Spring Boot 不需要任何 xml 配置即可实现 Spring 的所有配置。

3. Spring Boot 的优缺点

1) 优点

(1) 快速构建项目。

(2) 对主流开发框架的无配置集成。

(3) 项目可独立运行，无须外部依赖 Servlet 容器。

(4) 提供运行时的应用监控。

(5) 极大地提高了开发、部署的效率。

(6) 与云计算的天然集成。

2) 缺点

(1) 版本迭代速度很快，一些模块改动很大。

(2) 由于不用自己做配置，报错时很难定位。

(3) 现成的解决方案比较少。

7.2　用 Spring Boot 创建第一个 Web 应用程序

本节我们将利用 Spring Boot 快速建立一个简单的 Web 应用程序，以此来体会 Spring Boot 带来的方便与快捷。本节开始之前我们假设读者已经安装好了 Spring Boot 所需的环境和工具。接下来我们将创建第一个 Spring Boot 程序。

1. 创建 Web 项目

利用 Web 浏览器访问 https://start.spring.io/地址，利用 Spring 官方提供的 spring initializer 服务创建开发过程所需的项目基础骨架，如图 7-1 所示。

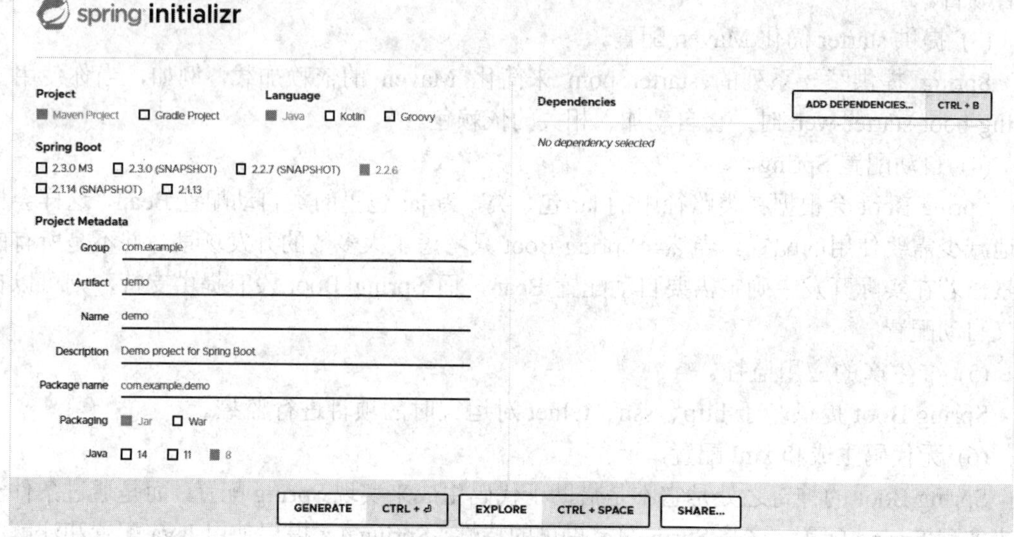

图 7-1　spring initializer

图 7-1 中各个选项所代表的内容如下：

(1) Project：项目的构建方式选项，目前选择通过 Maven 和 Gradle 方式构建项目。

(2) Language：项目开发语言选项，有 Java、Kotlin 和 Groovy 可供选择。

(3) Spring Boot：Spring Boot 版本选项，可以选择构建工程的 Spring Boot 版本。

(4) Project Metadata：项目信息选项。Group 用来区别代码的组织结构，通常用组织的具有唯一性的域名来表示(如 org.apache.等)；Artifact 表示项目标识，和 Group 一起构成了项目的唯一性，它们一起可构成项目的源代码开发包；Name 表示项目标识别名，可以和 Artifact 相同或不同；Description 表示项目描述，可描述项目的信息；Package name 表示项目基本包名，为了能保证包的唯一性通常用 Group 和 Artifact 两个信息叠加得到；Packaging 表示项目成果打包方式，如普通 jar 包或 web 方式的 War；Java 表示项目开发的 Java 版本。

(5) Dependencies：项目依赖包，很多时候 Spring Boot 通过对包的依赖自动实现开发环境的初始搭建。

(6) GENERATE 按钮：生成项目骨架，并下载到本地。

(7) EXPLORE 按钮：在线预览生成项目的骨架文件。

(8) SHARE 按钮：通过地址向他人分享生成的项目骨架。

在本例子中由于创建的是 Web 项目，所以需要先在“Dependencies”对话框中加入 Spring Web 包的依赖，具体选项如图 7-2 所示。

spring initializr

Project
Maven Project　Gradle Project

Language
Java　Kotlin　Groovy

Spring Boot
2.3.0 M4　2.3.0 (SNAPSHOT)　2.2.7 (SNAPSHOT)　2.2.6
2.1.14 (SNAPSHOT)　2.1.13

Project Metadata
Group　com.example
Artifact　springbootdemo
Name　springbootdemo
Description　Demo project for Spring Boot
Package name　com.example.springbootdemo
Packaging　Jar　War
Java　14　11　8

Dependencies　ADD DEPENDENCIES...　CTRL + B

Spring Web　WEB
Build web, including RESTful, applications using Spring MVC. Uses Apache Tomcat as the default embedded container.

GENERATE　CTRL + ⏎　EXPLORE　CTRL + SPACE　SHARE...

图 7-2　详细选项

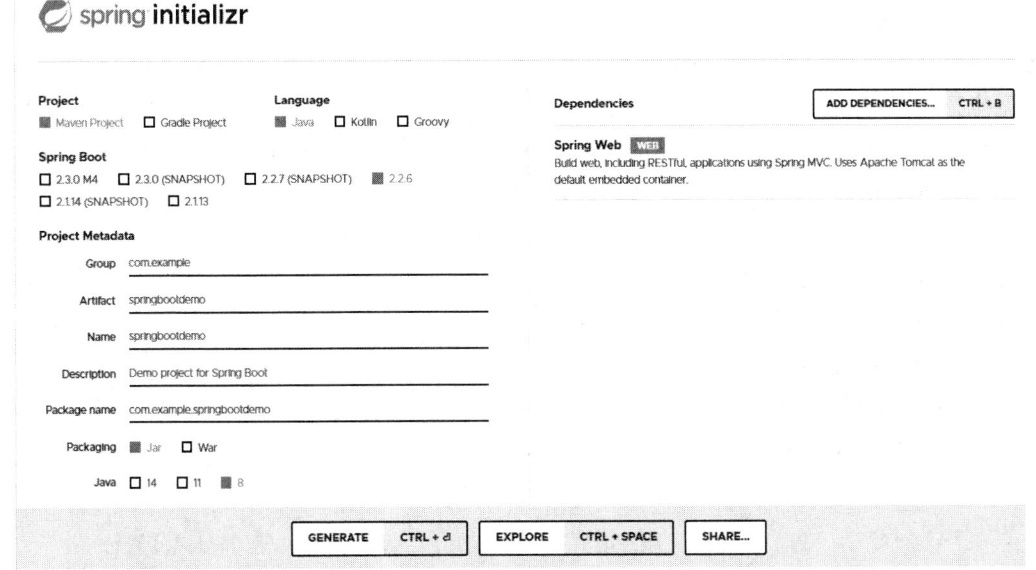

然后选择 GENERATE 按钮把生成的项目基本骨架文件 springbootdemo.zip 压缩包下载到本地。

2. 项目导入

上一步里我们已经配置并下载了 Spring Boot 初始化骨架文件，在骨架文件里我们添加了 Spring Web 环境的支持，接下来需要把生成的项目基础骨架导入到 IDE。本例以导入 Eclipse 为例，首先需要解压 springbootdemo.zip 到文件夹，然后打开 Eclipse，选择 File→Import→Maven→Existing Maven Projects→Next，在 Import Maven Projects 界面 Root Dictory 里选择解压后的文件夹，最后单击 Finsh 完成导入。导入后 Eclipse 呈现的目录结构如图 7-3 所示。

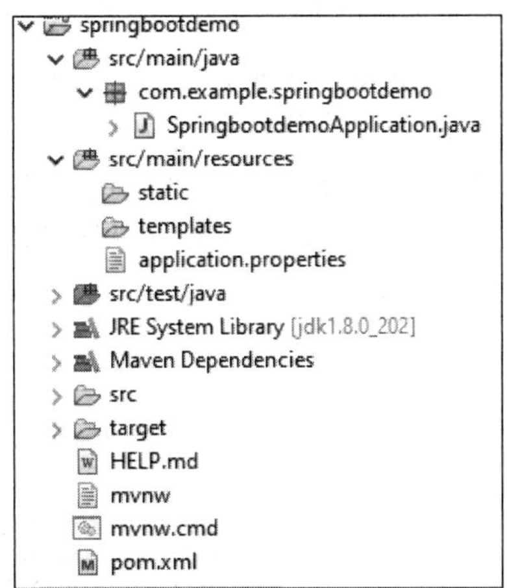

图 7-3　导入后的目录结构

需要指出的是：首先如果你的 Maven 是首次加载 Spring Boot 相关的包，Maven 会自动到 Maven 全球仓库里去下载相关的依赖包，你只需要保持你的电脑接入互联网即可；其次，Maven 在编译时要求提供 JDK 而不是 JRE，否则将通不过编译。在生成的骨架文件里少了很多的配置，主要文件如下：

(1) SpringbootdemoApplication：一个带有 main()方法的类，用于启动 Spring Boot 应用程序；SpringbootdemoApplication 里的注解@SpringBootApplication 是 Spring Boot 的核心注解，它是一个组合注解，该注解组合了@Configuration、@EnableAutoConfiguration、

@ComponentScan。

(2) application.properties：一个空的 properties 文件，可以根据需要添加配置属性。

(3) pom.xml：Maven 构建说明文件。

3．编写 Web 测试程序

在创建 Web 项目时，我们引入了 Spring Web 包的依赖，同时也构建了 Spring Boot 对 Web 基础开发环境的支持。Spring 允许使用内置的 Spring Web 框架或类似 Struts 这样的 Web 框架来搭建 Web 环境。本章我们将引用 Spring 内置的 Spring MVC 框架来构建 Spring Web 测试程序，本例中我们可以在 com.example.springbootdemo.controller 包下构建一个 Spring MVC 的 Web 请求 controller，其主要代码如下：

```
@Controller
public class HelloController {
    @RequestMapping("/hello")//地址映射
    @ResponseBody//返回Json格式数据
    public String hello() {
        return "Hello World";
    }
}
```

以上代码在前面 Spring MVC 章节已作介绍，此处不再赘述。

4．访问 Web 测试程序

经过前面简单 Spring MVC controller 的编写，下面我们利用 Maven 对工程作简单的编译。以 Java Application 方式运行 com.example.springbootdemo 包下 SpringbootdemoApplication，我们就可以看到线程一直处于运行就绪状态，此时 Spring Boot 已经启动了一个内嵌的 Tomcat Web 服务器，通过观察 eclipse 的 Console 启动日志，我们可以发现 Spring Boot 的启动信息，还可以看到 tomcat 启动情况和端口打开信息等，如图 7-4 所示。

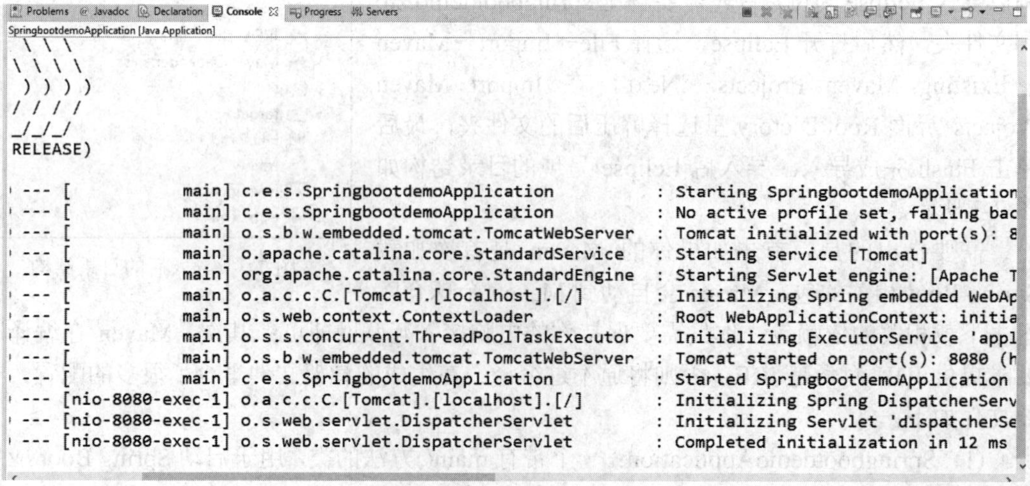

```
Problems  Javadoc  Declaration  Console  Progress  Servers
SpringbootdemoApplication [Java Application]
 \ \ \
\ \ \ \
 ) ) ) )
/ / / /
_/_/_/
RELEASE)

 --- [           main] c.e.s.SpringbootdemoApplication          : Starting SpringbootdemoApplication
 --- [           main] c.e.s.SpringbootdemoApplication          : No active profile set, falling bac
 --- [           main] o.s.b.w.embedded.tomcat.TomcatWebServer  : Tomcat initialized with port(s): 8
 --- [           main] o.apache.catalina.core.StandardService   : Starting service [Tomcat]
 --- [           main] org.apache.catalina.core.StandardEngine  : Starting Servlet engine: [Apache T
 --- [           main] o.a.c.c.C.[Tomcat].[localhost].[/]       : Initializing Spring embedded WebAp
 --- [           main] o.s.web.context.ContextLoader            : Root WebApplicationContext: initia
 --- [           main] o.s.s.concurrent.ThreadPoolTaskExecutor  : Initializing ExecutorService 'appl
 --- [           main] o.s.b.w.embedded.tomcat.TomcatWebServer  : Tomcat started on port(s): 8080 (h
 --- [           main] c.e.s.SpringbootdemoApplication          : Started SpringbootdemoApplication
 --- [nio-8080-exec-1] o.a.c.c.C.[Tomcat].[localhost].[/]       : Initializing Spring DispatcherServ
 --- [nio-8080-exec-1] o.s.web.servlet.DispatcherServlet        : Initializing Servlet 'dispatcherSe
 --- [nio-8080-exec-1] o.s.web.servlet.DispatcherServlet        : Completed initialization in 12 ms
```

图 7-4　Spring Boot 启动信息

本例中我们可以看到 tomcat 已经打开了 8080 端口作为主要服务窗口，随后启动浏览器，在地址栏输入 http://localhost:8080/hello 进行访问，如果一切正常就能看到页面输出了 controller 里 hello 这个方法返回的结果，如图 7-5 所示。

Hello World

图 7-5　页面输出结果

7.3　Spring Boot Starter 模块

以上利用了 Spring Boot 实现了简单的 Web 应用开发环境。由于 Spring Boot 环境使用了 Maven 进行依赖包管理，在 Web 环境搭建过程中，基本上实现了零配置。经过观察 Maven 的 pom.xml 发现，Spring Boot 之所以能够支持 Web，其根本原因是 Maven 依赖了 spring-boot-starter-web 包，其依赖代码如下：

```
<dependency>
        <groupId>org.springframework.boot</groupId>
        <artifactId>spring-boot-starter-web</artifactId>
</dependency>
```

spring-boot-starter-web 就是一个 starter，starter 在 Spring Boot 中是一个非常重要的概念，starter 会把所有用到的依赖都包含进来，避免了开发者自己去引入依赖所带来的麻烦，同时 starter 也帮助用户简化了配置。虽然不同的 starter 实现起来各有差异，但是它们基本上都会使用到 ConfigurationProperties 和 AutoConfiguration。因为 Spring Boot 坚信“约定大于配置”这一理念，使用 ConfigurationProperties 来保存我们的配置，并且这些配置都可以有一个默认值，即在我们没有主动覆写原始配置的情况下，默认值就会生效，这在很多情况下是非常有用的。除此之外，starter 的 ConfigurationProperties 还使得所有的配置属性被聚集到一个文件中(一般在 resources 目录下的 application.properties 中)，这样我们就告别了 Spring 项目中繁琐的 XML。AutoConfiguration 用于引用定义好的配置信息，在 AutoConfiguration 中实现所有 starter 应该完成的操作。上一节中通过依赖 spring-boot-starter-web starter 省去了 Web 开发包依赖步骤和很多繁琐的配置，轻松实现了 Spring Boot 对 Web 开发环境的支持。Spring Boot 里常见的 starter 依赖模块有：

spring-boot-starter-parent：提供编码、打包、版本、资源等相关的自动配置；

spring-boot-starter：核心 starter 包含自动配置、日志和 YAML 配置文件支持等；

spring-boot-starter-web：使用 Spring MVC 构建 RESTful Web 应用，并使用 Tomcat 作为默认内嵌服务器；

spring-boot-starter-test：使用 Junit、Hamcrest 和 Mockito 进行应用的测试；

spring-boot-starter-aop：使用 Spring AOP 和 AspectJ 实现 AOP 功能；

mybatis-spring-boot-starter：第三方的 mybatis 集成 starter；

spring-boot-starter-thymeleaf：在应用中使用 Thymeleaf 视图；

spring-boot-starter-data-redis：使用 Redis 和 Spring Data Redis，以及 Jedis 客户端；

spring-boot-starter-websocket：使用 Spring 框架的 WebSocket 支持来构建 WebSocket 应用；

spring-boot-starter-security：使用 Spring Security；

spring-boot-starter-data-jpa：使用基于 Hibernate 的 Spring Data JPA；

spring-boot-starter-freemarker：在应用中使用 FreeMarker 视图；

spring-boot-starter-cache：启用 Spring 框架的缓存功能。

7.4 Spring Boot 对 Jsp 的支持配置

Spring Boot 在 Spring MVC 的视图解析器方面默认集成了 ContentNegotiatingViewResolver 和 BeanNameViewResolver，在视图引擎上也已经集成自动配置的模板引擎 FreeMarker、Groovy、Thymeleaf 等。虽然 Spring Boot 官方并不推荐 Jsp 技术，但考虑到 Jsp 是常用的技术，所以接下来我们将讲解 Spring Boot 对 Jsp 的支持配置步骤。

(1) 在 pom.xml 里配置 starter 和相关依赖包，关键代码如下：

```
<!-- 使用jsp引擎，Spring Boot内置tomcat没有此依赖 -->
  <dependency>
    <groupId>org.apache.tomcat.embed</groupId>
    <artifactId>tomcat-embed-jasper</artifactId>
    <scope>provided</scope>
  </dependency>
```

(2) 在 application.properties 或 application.yml 里配置 Jsp 文件访问路径匹配。application.properties 里配置的关键代码如下：

```
#jsp访问路径匹配
spring.mvc.view.suffix=.jsp
spring.mvc.view.prefix=/WEB-INF/jsp/
```

根据 spring.mvc.view.prefix 实际配置的内容，需要在 src/main/webapp 下建立放置 Jsp 的文件夹，如本例中需要在 WEB-INF 下建立目录 jsp。

7.5 Spring Boot 静态资源的处理

Spring Boot 默认为我们提供了静态资源处理功能，其中默认配置的 /** 会映射到 classpath:/META-INF/resources/，classpath:/resources/，classpath:/static/，classpath:/public/。很多时候这里的 classpath 为 src/main/resources，其优先级顺序为：META-INF/resources > resources > static > public，当在优先级较高的文件夹里发现需要访问的资源时，Spring Boot 就会立即返回不再往下继续寻找。

Spring Boot 也为我们提供了可以直接在 application.properties(或.yml)中配置的方法，使用 spring.mvc.static-path-pattern 可以重新定义 pattern，其默认值为 /**。spring.mvc.static-path-pattern 只可以定义一个，目前不支持多个逗号分割的方式。使用 spring.resources.static-locations 可以重新定义 pattern 所指向的路径，多个值时使用英文逗号隔开，支持 classpath 和 file，其默认值为 classpath:/META-INF/resources/,classpath:/resources/,classpath:/static/,classpath:/public/。Spring Boot 配置的关键代码如下：

```
# 默认值为 /**
spring.mvc.static-path-pattern=定义pattern,只可以定义一个
# 默认值为 classpath:/META-INF/resources/,classpath:/resources/,classpath:/static/,classpath:/public/
spring.resources.static-locations=这里设置pattern要指向的路径，多个使用英文逗号隔开
```

7.6　Spring Boot 整合 MyBatis

MyBatis 作为一个优秀的持久化框架，在实际项目中对于 Spring Boot 整合 MyBatis 是常有的事。为此，本节将介绍 Spring Boot 整合 MyBatis 对 MYSQL 数据库操作的步骤。

(1) 在 pom.xml 里添加相应的 starter 和依赖包，依赖的版本号 version 可以根据实际情况进行选择。其关键代码如下：

```
<!-- MyBatis整合starter -->
    <dependency>
        <groupId>org.mybatis.spring.boot</groupId>
        <artifactId>mybatis-spring-boot-starter</artifactId>
        <version>2.0.0</version>
    </dependency>
    <!-- MYSQL数据库驱动包 -->
    <dependency>
        <groupId>mysql</groupId>
        <artifactId>mysql-connector-java</artifactId>
        <version>5.1.47</version>
    </dependency>
```

(2) 在 application.properties(或.yml)添加相关配置。application.properties 配置实例代码如下：

```
#数据库连接信息
spring.datasource.url=jdbc:mysql://localhost:3306/mydb
spring.datasource.username=root
spring.datasource.password=root
spring.datasource.driver-class-name=com.mysql.jdbc.Driver
#MyBatis映射文件路径
```

```
mybatis.mapper-locations=classpath:com/example/springbootdemo/dao/*.xml
#MyBatis自动扫描实体类的包
mybatis.type-aliases-package=com.example.springbootdemo.domain
#MyBatis配置文件路径(有必要时可以加入)
#mybatis.config-location=classpath:config/mybatis-config.xml
```

Spring Boot 会自动加载 spring.datasource.* 相关配置，数据源就会自动注入到 sqlSessionFactory 中，同时 sqlSessionFactory 也会自动注入到 MyBatis Mapper 中，我们可以直接拿来使用。

(3) MyBatis Mapper 注册。要让 Spring Boot 能够发现 MyBatis Mapper，在使用 Mapper 之前，需要对 Mapper 进行注册，注册方式有以下两种：

第一种，在待绑定接口 Dao 类上用@Mapper 进行注解，代码如下：

```
@Mapper
public interface UserDao {}
```

第二种，用@Repository 注解待绑定接口，并在启动程序上添加@MapperScan 指向待绑定接口所在的包，代码如下：

```
@MapperScan("com.example.springbootdemo.dao")
public class DemoApplication  {}
```

如果需要改变 MyBatis 输出 SQL 的日志级别，可在配置文件里进行如下配置：

```
logging.level.com.example.springbootdemo.dao=debug
```

7.7 Spring Boot 事务处理

事务管理是应用系统开发中必不可少的一部分。Spring 为事务管理提供了丰富的功能支持。Spring 事务管理分为编程式和声明式两种方式。编程式事务指的是通过编码方式实现事务；声明式事务基于 AOP，将具体业务逻辑与事务处理解耦，它使业务代码逻辑不受污染，在实际使用中声明式事务用得比较多。声明式事务有两种方式：一种是在配置文件(xml)中做相关的事务规则声明，另一种是基于@Transactional 注解的方式。在默认配置下 Spring 只会回滚运行时、未检查异常(继承自 RuntimeException 的异常)或者 Error。

基于@Transactional 注解的方式是声明式事务中使用得比较多的方式，其使用比较简单，只需在方法(或者类)上使用@Transactional 注解，方法(或者类)就会自动纳入 Spring 的事务管理了，需要注意的是@Transactional 注解只能应用到 public 方法才有效。例如，需要对数据库进行修改时可用以下方法：

```
@Transactional(readOnly = false)
public void insertUser(User user) { }
```

在一个查询的方法运用只读的事务：

```
@Transactional(readOnly = true)
```

```
public List<User> selectUser(User user) { }
```

7.8　Spring Boot 常见的配置项

Spring Boot 虽然能够简化大部分的配置，但在实际开发过程中，我们需要指定一些必要的配置或者进行默认配置覆盖。Spring Boot 默认使用一个位于类路径(如：src/main/resource)目录下或类路径下 config 目录下的全局配置文件 application.properties 或 application.yml 加载配置项。常见的 Web 应用开发配置项有：

debug：默认为 false，配置开启/关闭调试模式；

server.port：默认为 8080，配置服务器访问端口号；

spring.mvc.view.prefix：配置响应页面默认前缀；

spring.mvc.view.suffix：配置响应页面默认后缀；

server.servlet.content-path：默认为/，配置应用上下文；

spring.http.encoding.charset：默认为 utf-8，配置默认字符集编码；

spring.thymeleaf.cache：配置开启/关闭页面缓存；

spring.mvc.date-format：配置日期输入格式；

spring.jackson.date-format：配置 json 输出的日期格式；

spring.jackson.time-zone：配置设置 GMT 时区；

logging.file：配置日志输出文件地址；

logging.level.root：默认 info，配置根目录的日志输出级别(常用)；

loggin.level.*：默认 info，配置定义指定包的输出级别(常用如 logging.level.com.example.springbootdemo.dao=debug)；

loggin.config：指定日志的配置文件。

以上是用 Spring Boot 开发 Web 应用时常见的配置项，想要了解更多配置项请参照官网 https://docs.spring.io/spring-boot/docs/current/reference/html/appendix-application-properties.html。

7.9　Spring Boot Web 应用程序的发布

在开发阶段我们推荐使用内嵌的 tomcat 进行开发，因为这样会方便很多，但是到生成环境，我们希望在独立的服务器中运行，这时就需要将工程打包成 war 包进行发布。以发布到 tomcat 服务器为例，需要通过以下几个步骤。

(1) 修改 pom.xml 工程的打包方式 packaging 为 war，代码如下：

```
<packaging>war</packaging>
```

(2) 将 pom.xml 里 spring-boot-starter-tomcat、javax.servlet-api、tomcat-embed-jasper 等不需要进行打包的库 scope 设置为 provided，这是为了在打包时将该包排除，因为独立的服务器已经自带这些包，所以不需要再打包。代码如下：

```
<dependency>
        <groupId>org.apache.tomcat.embed</groupId>
```

```
            <artifactId>tomcat-embed-jasper</artifactId>
            <scope>provided</scope>
</dependency>
```

(3) 修改 Application 启动类代码，需要继承 SpringBootServletInitializer，代码如下：

```
@SpringBootApplication
public class SpringbootdemoApplication extends SpringBootServletInitializer { }
```

(4) 运行 maven install 进行打包，在 target 目录发现可以发布到 tomcat 服务器的 war 包已经生成。

本 章 小 结

本章利用 Spring Boot 快速实现了 Web 应用程序的开发集成环境，同时也利用了更少的配置实现了 SSM 整合，比手动整合 SSM 的实现更简捷高效，同时在此基础上实现了对数据库的插入和查询例子。

本章涉及代码的下载地址为：https://github.com/bay-chen/ssm2/blob/master/code/springbootdemo.rar。

练 习 题

简答题

1．简述 Spring Boot 的核心功能。

2．简述 Spring Boot 的特征及使用场景。

2．利用 Spring Boot 将 Spring MVC、Spring 和 MyBatis 三个框架进行整合。

第八章　Maven 基础知识

Maven 是 Apache 下的一个开源项目，它是一个创新的项目管理工具，用于对 Java 项目进行项目构建、依赖管理及项目信息管理。Maven 包含了一个项目对象模型(Project Object Model)、一组标准集合、一个项目生命周期(Project Lifecycle)、一个依赖管理系统(Dependency Management System)和用来运行定义在生命周期阶段(phase)中插件(plugin)目标(goal)的逻辑。

本章知识要点

- Maven 入门；
- IDE 集成 Maven；
- Maven 生命周期；
- 常用 Maven 插件；
- 依赖管理。

8.1　Maven 入门

Maven 是一个项目管理和整合工具。Maven 为开发者提供了一套完整的构建生命周期的框架。开发团队几乎不用花多少时间就能够自动完成工程的基础构建配置，因为 Maven 使用了一个标准的目录结构和一个默认的构建生命周期。

在有多个开发团队环境的情况下，Maven 能够在很短的时间内使得每项工作都按照标准进行。因为大部分的工程配置操作都非常简单并且可复用，在创建报告、检查、构建和测试自动配置时，Maven 可以让开发者的工作变得更简单。Maven 能够帮助开发者完成构建、文档生成、报告、依赖、SCMs、发布、分发和邮件列表工作。

8.1.1　在 Microsoft Windows 上安装 Maven

在 Microsoft Windows 上安装 Maven 的操作步骤如下：

(1) 下载 Maven 的安装包，下载链接：http://maven.apache.org/download.cgi，如图 8-1 所示，单击 apache-maven-3.6.3-bin.zip，链接下载 3.6.3 版本的 maven 包。

	Link	Checksums
Binary tar.gz archive	apache-maven-3.6.3-bin.tar.gz	apache-maven-3.6.3-bin.tar.gz.sha512
Binary zip archive	apache-maven-3.6.3-bin.zip	apache-maven-3.6.3-bin.zip.sha512
Source tar.gz archive	apache-maven-3.6.3-src.tar.gz	apache-maven-3.6.3-src.tar.gz.sha512
Source zip archive	apache-maven-3.6.3-src.zip	apache-maven-3.6.3-src.zip.sha512

图 8-1　maven 安装包下载页面

(2) 下载后的文件为 apache-maven-3.6.3-bin.zip 压缩包，将其解压到一个固定的文件夹。本章我们是解压到 e:\java 目录下，更新 Maven 时只需要下载新的 Maven 包。

(3) 修改环境变量。打开系统属性面板(在桌面上右击“我的电脑”→“属性”→“高级系统设置”)，然后单击“环境变量”→“新建”→输入“MAVEN_HOME”和 Maven 解压后的根目录路径(本章我们解压到 e:\java 下，所以完整的路径就是 e:\java\apache-maven-3.6.3)，接着单击“确定”，再找到名为 Path 的系统变量，单击选中后单击“编辑”，将 %MAVEN_HOME%\bin; 添加到变量值的开头(注意最后的分号也是要添加的)。修改环境变量的操作如图 8-2 所示。

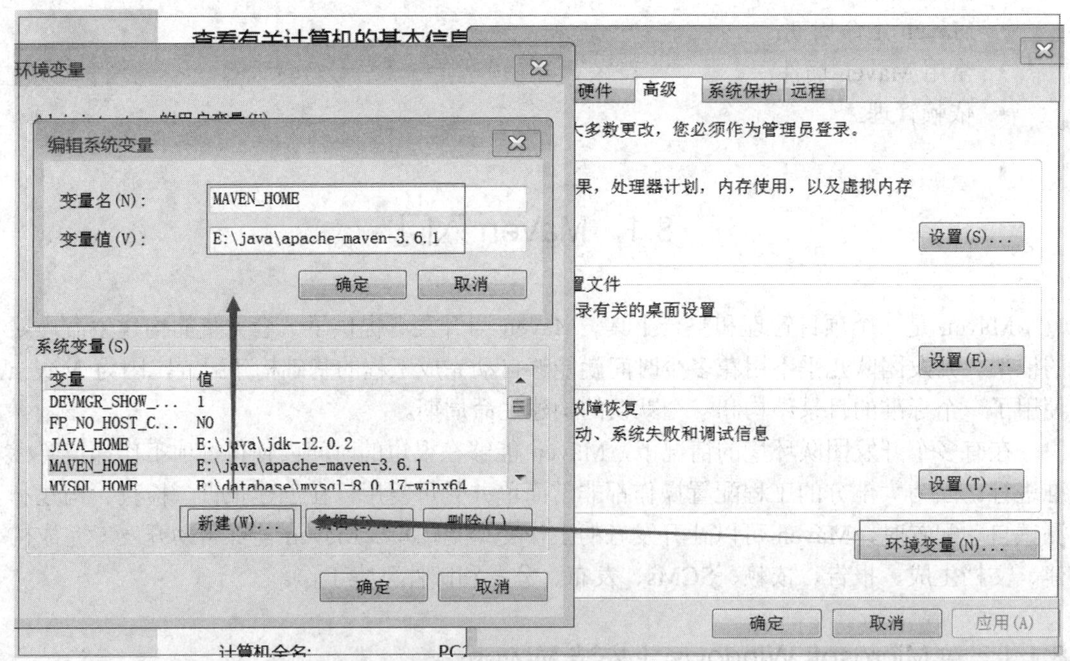

图 8-2　修改环境变量

(4) 验证是否安装成功。单击 Windows 左下角的“开始”，在搜索框中输入“cmd”，然后回车就可以打开 Windows 的命令提示符窗口，接着输入 echo %MAVEN_HOME% 命令查看设置的环境变量，输入 mvn -v 查看 maven 的版本，如果安装成功则显示如图 8-3 所示的界面。

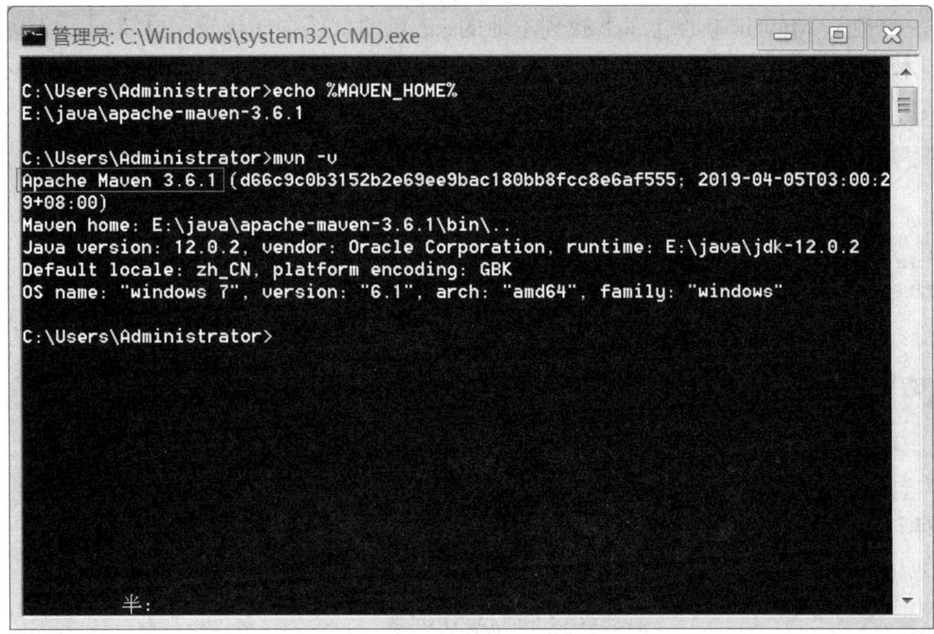

图 8-3　查看 Maven 版本并验证安装

(5) 生成 Maven 本地仓库。在 Maven 项目中，用户无须像以前那样自己下载依赖的 jar 包再放入项目中，只需要定义项目的 pom.xml 文件，对项目使用 Maven 命令时，Maven 会自动从网络上下载相应的包到本地仓库，项目就可以直接使用本地仓库的包。第一次安装 Maven 时在 Windows 的命令提示符窗口输入“mvn help:system”命令然后回车，等其执行完后就可以在 C:\Users\Admin\.m2\repository 看到 Maven 下载的一些文件，如图 8-4 所示。

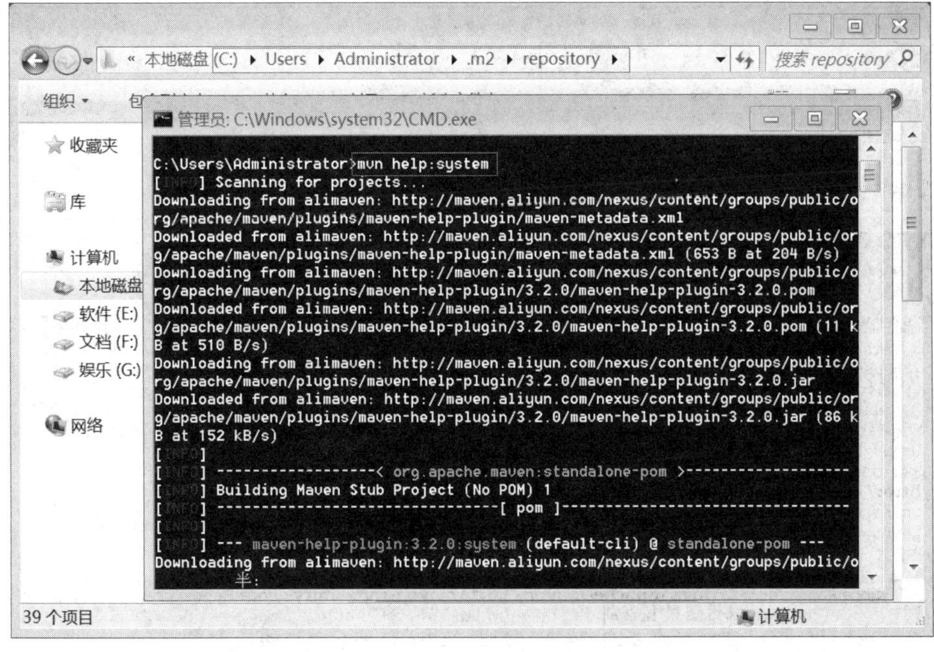

图 8-4　生成本地仓库

(6) 修改从 Maven 中心仓库下载到本地的 jar 包的默认存储位置。从 Maven 中心仓库下载到本地的 jar 包默认存放在“${user.home}/.m2/repository”中，${user.home}表示当前登录系统的用户目录(如“C:\Users\Administrator”)，如图 8-5 所示。

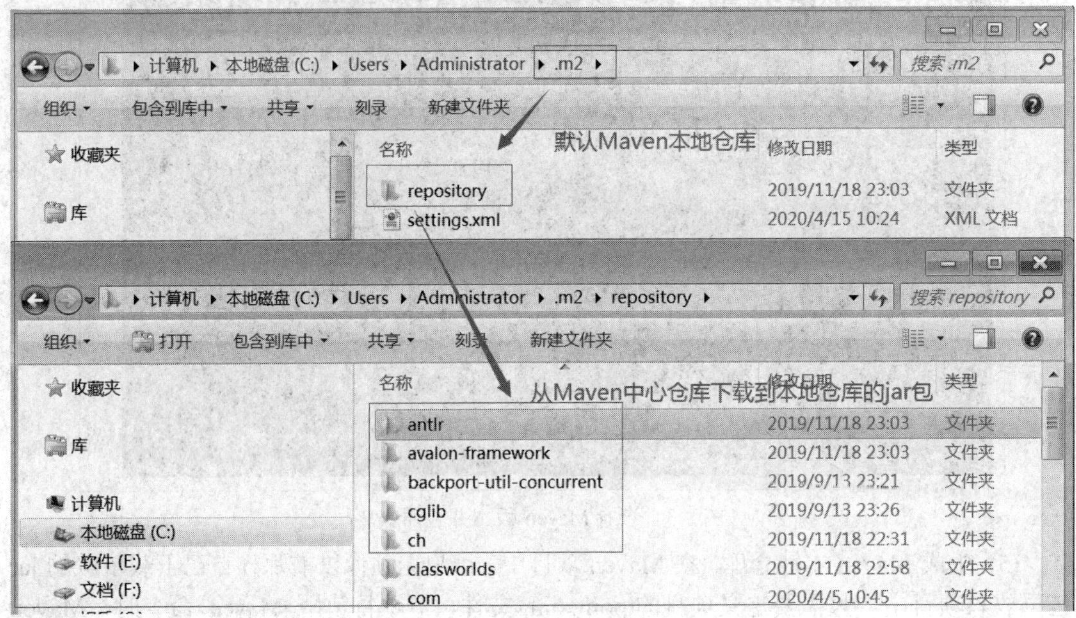

图 8-5　默认本地仓库

打开 Maven 安装路径下的 conf/setting.xml 文件，用<localRepository>元素设置本地仓库路径，如图 8-6 所示。

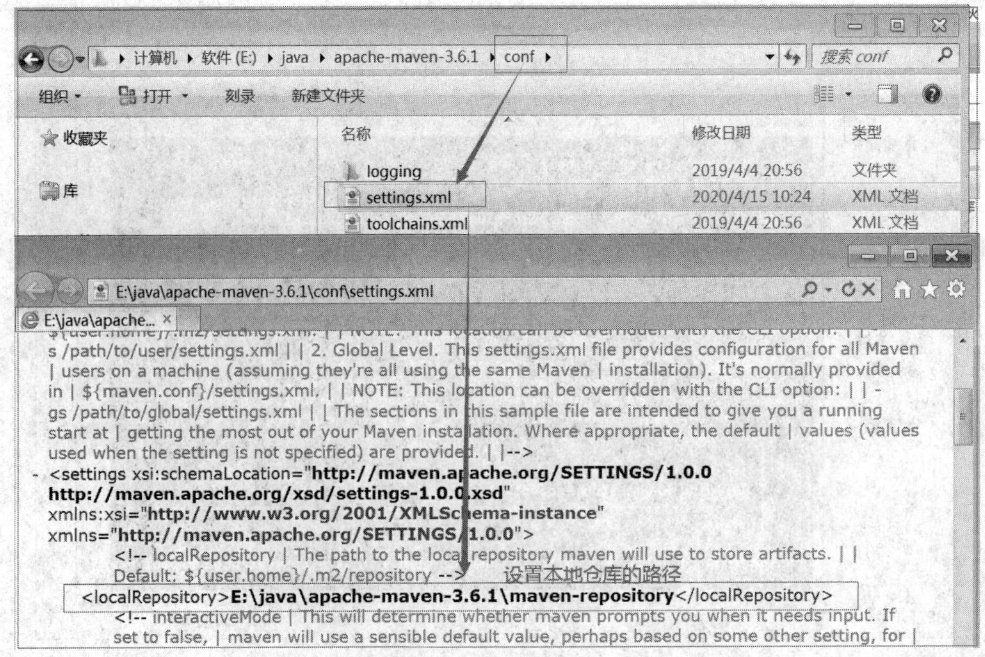

图 8-6　设置本地仓库

8.1.2　确保安装 JDK

首先要确保电脑上已经安装了 JDK，配置好 JDK 的环境变量，使用 Java 命令检查 JDK 安装的情况，在命令行输出 jdk 版本，如图 8-7 所示。

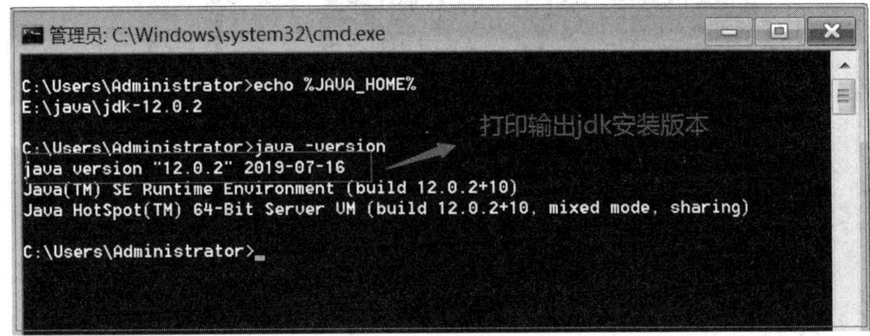

图 8-7　输出 jdk 版本

8.1.3　创建一个 Maven 的简单项目

创建一个 Maven 的简单项目的步骤如下：

(1) 打开命令行窗口，将当前目录更改为创建第一个 Maven 项目的文件夹，如图 8-8 所示。

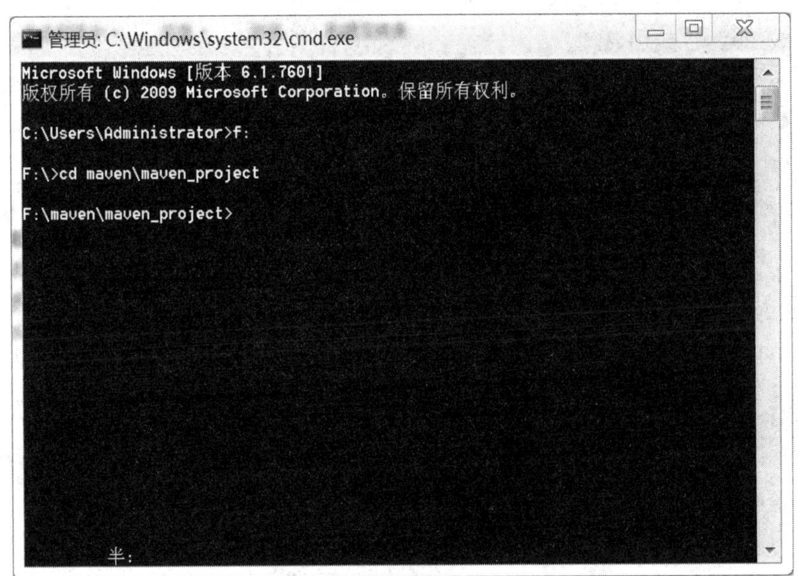

图 8-8　指定 Maven 项目目录

(2) 运行如下命令：

mvn archetype:generate -DgroupId=com.ssm -DartifactId=first-maven-project -DinteractiveMode = false

你可以根据需求修改上面命令中 groupId and artifactId 的值。

(3) Maven 自动创建项目，如图 8-9 所示。

```
管理员: C:\Windows\system32\cmd.exe
f:\maven\maven_project>mvn archetype:generate -DgroupId=com.ssm -DartifactId=first-maven-project -DinteractiveMode=false
[INFO] Scanning for projects...
[INFO]
[INFO] ------------------< org.apache.maven:standalone-pom >-------------------
[INFO] Building Maven Stub Project (No POM) 1
[INFO] --------------------------------[ pom ]---------------------------------
[INFO]
[INFO] >>> maven-archetype-plugin:3.1.2:generate (default-cli) > generate-sources @ standalone-pom >>>
[INFO]
[INFO] <<< maven-archetype-plugin:3.1.2:generate (default-cli) < generate-sources @ standalone-pom <<<
[INFO]
[INFO]
[INFO] --- maven-archetype-plugin:3.1.2:generate (default-cli) @ standalone-pom ---
[INFO] Generating project in Batch mode
[WARNING] No archetype found in remote catalog. Defaulting to internal catalog
[INFO] No archetype defined. Using maven-archetype-quickstart (org.apache.maven.archetypes:maven-archetype-quickstart:1.0)
[INFO] ----------------------------------------------------------------------------
[INFO] Using following parameters for creating project from Old (1.x) Archetype:
```

图 8-9　创建 Maven 项目

创建 Maven 项目目录结构如图 8-10 所示。

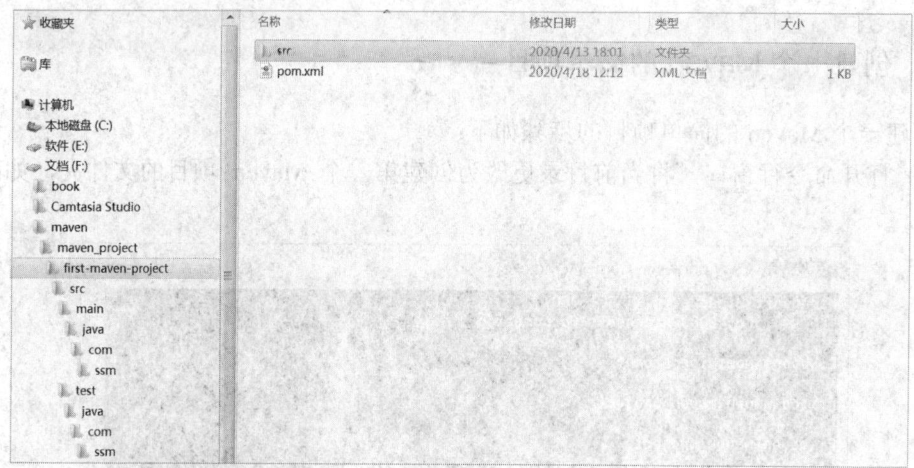

图 8-10　创建 Maven 项目目录结构

(4) 编译 Maven 项目。

在 first-maven-project 中，创建 com.ssm 包下的 App.java 源文件，如图 8.11 所示。

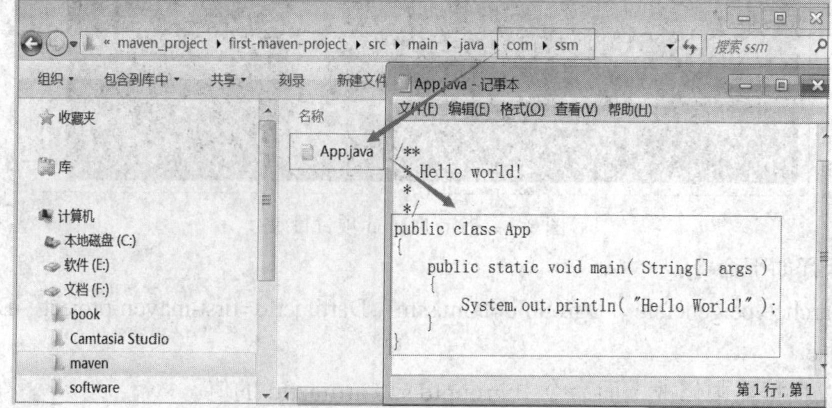

图 8-11　创建 com.ssm 包下 App.java 源文件

在命令行切换到 first-maven-project 目录下，运行“mvn compile”，如图 8-12 所示。

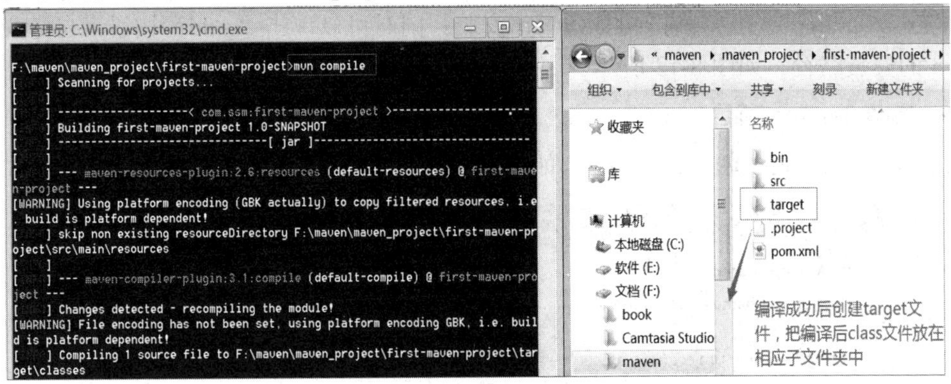

图 8-12　编译 Maven 项目

8.2　IDE 集成 Maven

本节我们将了解如何在 Java 集成开发环境(IDE)中设置和使用 Maven。 我们将介绍以下内容：在 Eclipse 中创建一个新的 Maven 项；在 Eclipse 中导入一个现有的 Maven 项目；在 IntelliJ IDEA 中创建一个新的 Maven 项目；在 IntelliJ IDEA 中导入一个现有的 Maven 项目，通过 IDE 提高开发人员的工作率。

8.2.1　在 Eclipse 中创建 Maven 项目

下面介绍在 Eclipse 中创建 Maven 项目的操作步骤。

1．准备

(1) 系统已经安装好 JDK，并在 Eclipse 配置好，Eclipse 的最新版本预装有 Maven 支持。如图 8-13 所示。

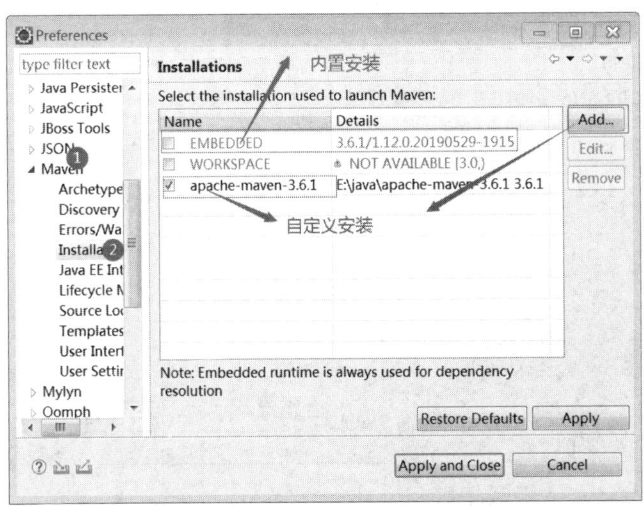

图 8-13　自定义 Maven 安装路径

(2) 通过导航到 Eclipse 菜单的 Window|Preferences 选项，单击“Maven”链接，然后单击“Installations”，看到内置的 Maven 安装。同时可以单击“Add”按钮，自定义配置 Maven 的安装路径。如图 8-13 所示。

2. 创建 Maven 项目

(1) 导航 New|File|Maven Project，如图 8-14 所示。

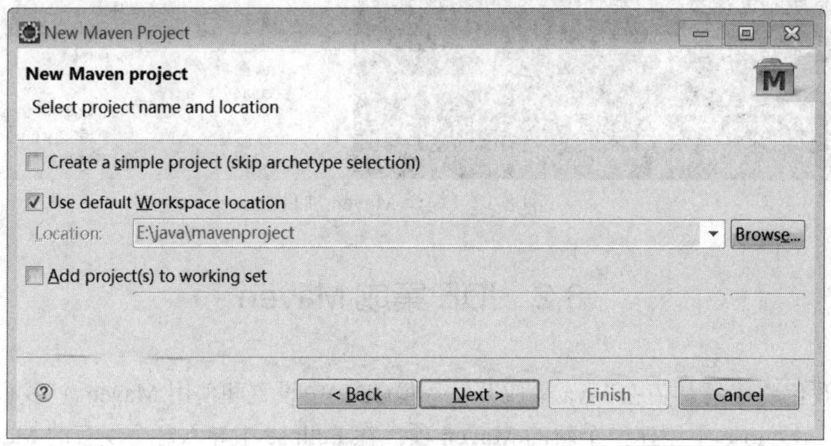

图 8-14　创建 Maven 项目

(2) 选择复选框“Create a simple project”，避免选择 archetype。

(3) 单击“Next”按钮，填写“Artifiact”的基本信息，“Group Id”和“Artifact Id”是必填项，如图 8-15 所示。

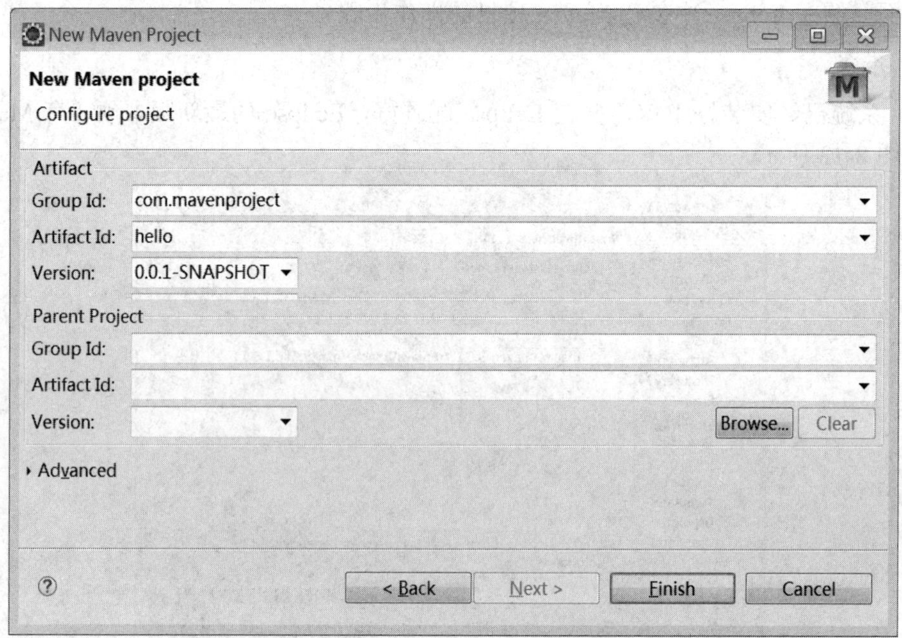

图 8-15　设置 Maven 项目坐标元素

(4) 单击“Finish”按钮，现在就创建好项目名为 hello 的 Maven 项目了，单击 pom.xml 文件，将看到项目的基本信息，其中描述了项目如何构建、声明了项目依赖等，如图 8-16 所示。

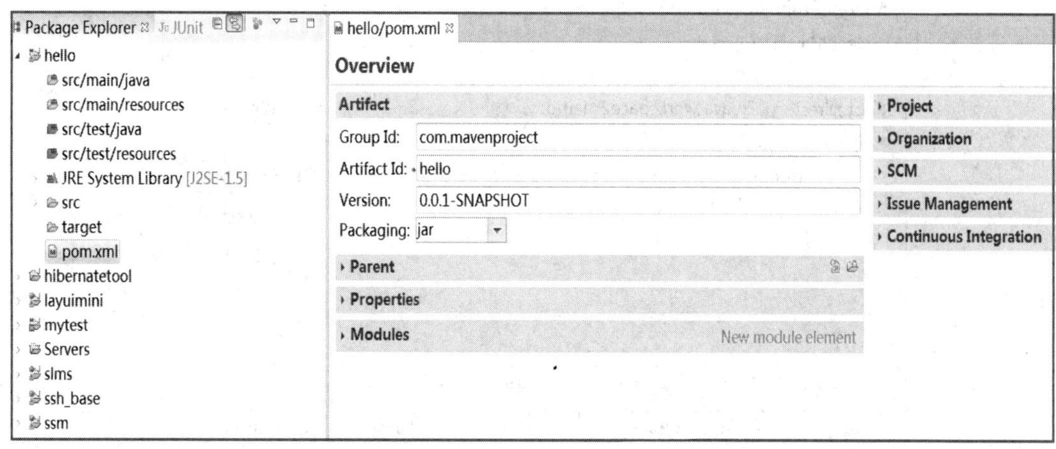

图 8-16 Maven 项目基本信息

3. 工作原理

Eclipse 内置对 Maven 项目的支持，Eclipse 使用项目的配置信息调用 Maven archetype 插件来创建一个快速入门项目。如果忽略了工件选择，我们还可以指定项目的 groupId、artifactId 和版本。

8.2.2 在 Eclipse 中导入 Maven 项目

如果用命令行方式创建一个 Maven 项目，那么它能很容易导入到 Eclipse 中，创建步骤如下：

(1) 导航 File|Import，单击 Maven，如图 8-17 所示。

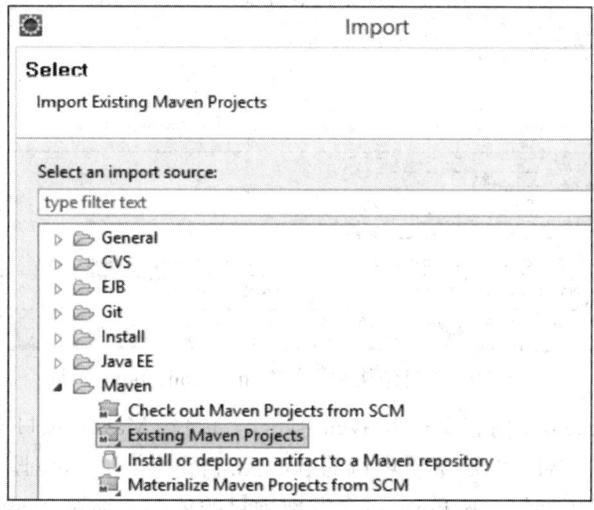

图 8-17 导入 Maven 对话框

(2) 选择上一小节创建的项目，如图 8-18 所示。

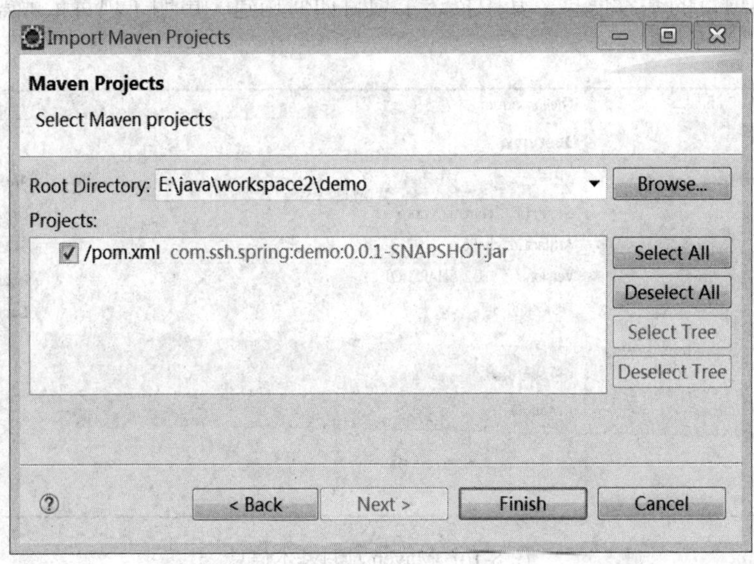

图 8-18 选择 Maven 项目的 pom.xml

(3) 导入项目，你会发现项目的内容和上一节在命令行方式创建的 Maven 项目一样。

(4) 项目结构和运行结果如图 8-19 所示。

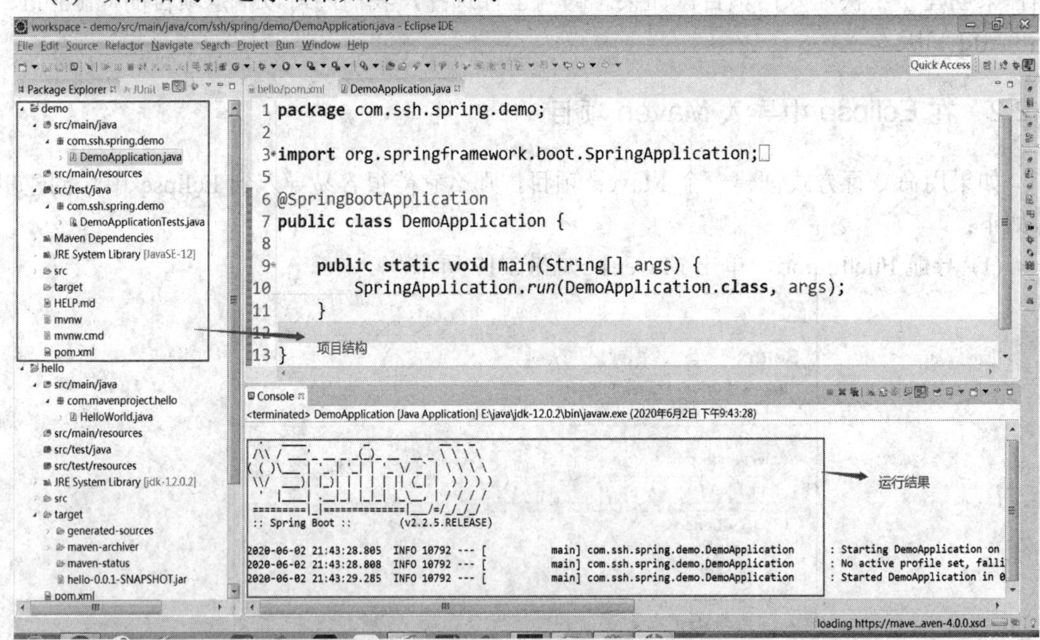

图 8-19 项目结构和运行 DemoApplication 项目

(5) 工作原理。Eclipse 内置支持 Maven 项目，当导入 Maven 项目的时候，Eclipse 会解析该工程的 pom.xml 文件，然后基于项目的 pom.xml 配置文件，会创建 Eclipse 相关的配置识别源文件、测试和工件等；Eclipse 也会发现项目的依赖，通过 Maven 下载依赖组件(如果本地仓库没有相关的依赖组件)，然后将其添加到项目依赖中。

8.2.3　在 IntelliJ IDEA 中创建 Maven 项目

IntelliJ IDEA 是 JetBrains 公司开发的 IDE。它有社区版和商业版两种版本。IntelliJ IDEA 在开发人员中非常受欢迎，而且它会定期使用最新的语言和平台功能进行更新。在 IntelliJ IDEA 创建 Maven 项目步骤如下：

(1) 在电脑上打开 idea，单击 File→New→Project，如图 8-20 所示。

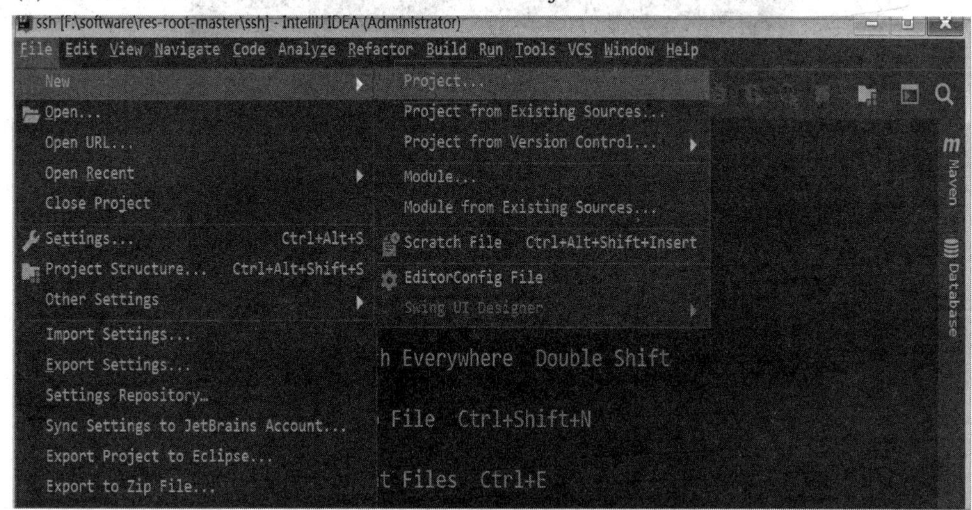

图 8-20　IntelliJ IDEA 创建 Maven 项目

(2) 进去 New Project 界面之后，在 Java 右侧下拉列表选择安装的 SDK，如果没有配置好，单击“Add”按钮选择 JDK 安装的路径，如图 8-21 所示。

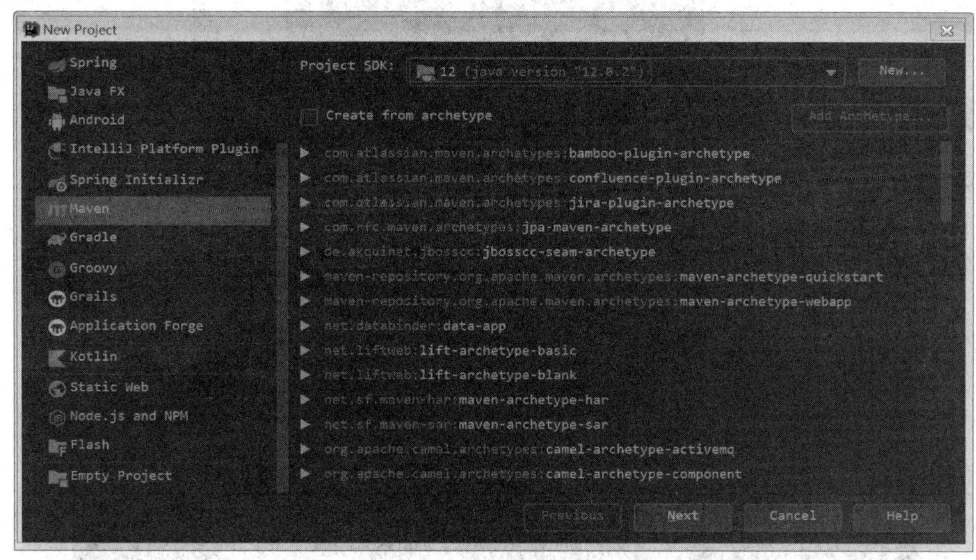

图 8-21　选择 SDK

(3) 设置项目组 Id 和工件 Id，单击“Next”按钮，IDEA 将会生成 Maven 工程，如图 8-22 所示。

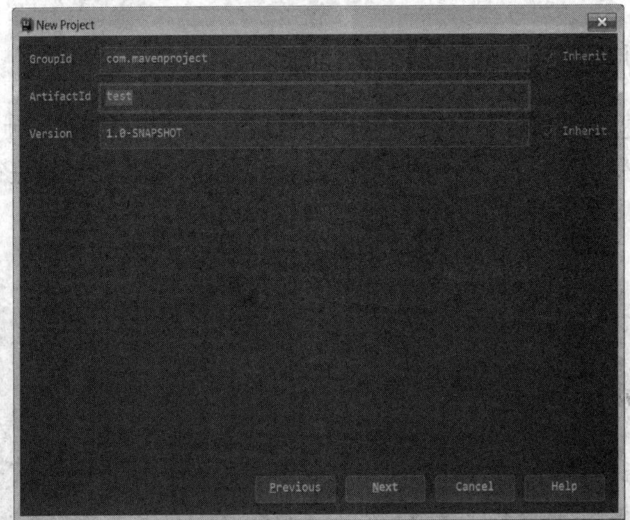

图 8-22　设置项目坐标信息

(4) 生成项目结构如图 8-23 所示。

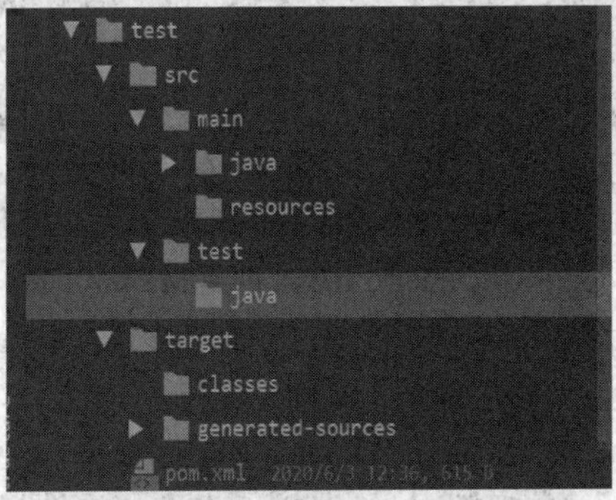

图 8-23　项目结构

8.2.4　在 IntelliJ IDEA 中导入 Maven 项目

假如需要导入 Maven 项目，IntelliJ IDEA 也能很容易做到，具体步骤如下：

(1) 单击 File|Open，如图 8-24 所示。

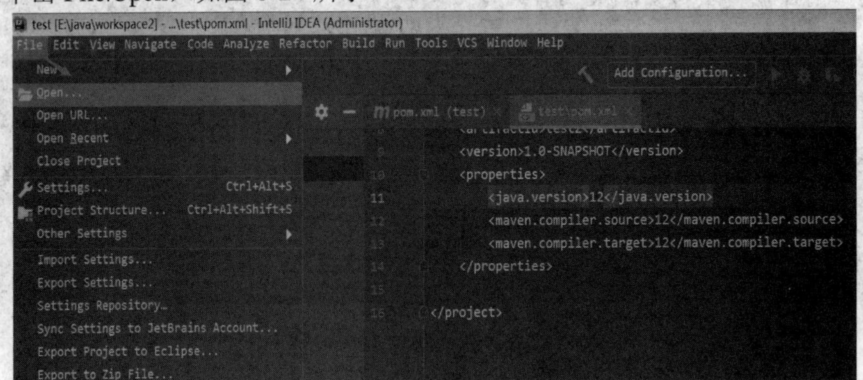

图 8-24　导入 Maven 项目

(2) 选择 Maven 项目的 pom.xml 文件，如图 8-25 所示。

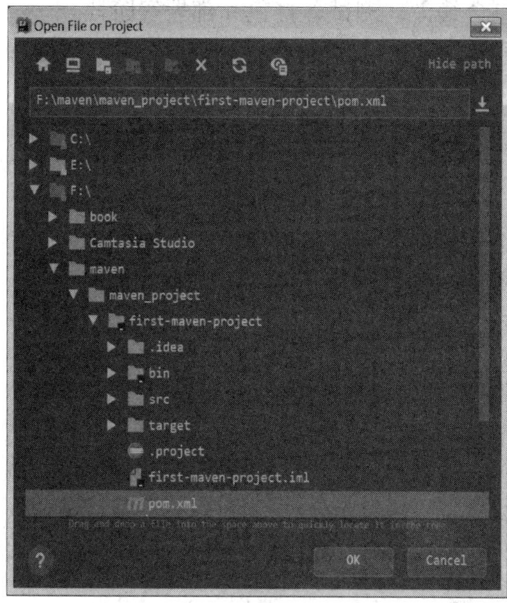

图 8-25　选择项目 pom.xml 文件

(3) 导入的 Mavenx 项目结构如图 8-26 所示。

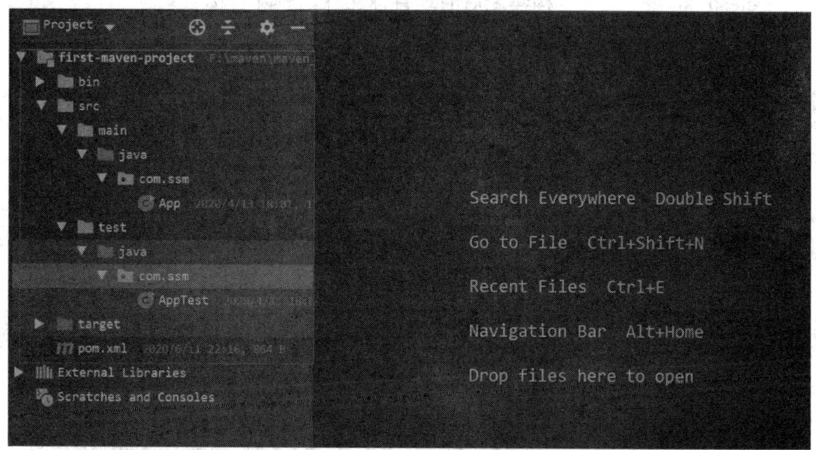

图 8-26　Maven 项目结构

8.3　Maven 生命周期

Maven 强大的一个重要原因是它有一个十分完善的生命周期模型(lifecycle)，有三个内置的生命周期：默认(default)、清洁(clean)和站点(site)。在默认(default)的生命周期模型下可以处理你的项目部署，在清洁(clean)的生命周期模型下可以进行项目的清理，在网站(site)的生命周期模型下可以进行项目站点文档的创建。

(1) 清洁(clean)生命周期：在进行真正的构建之前进行一些清理工作。

(2) 默认(default)生命周期：这是 Maven 生命周期中最重要的一个，绝大部分工作都发生在这个生命周期中，包含编译、测试、打包和部署等阶段。

(3) 站点(site)生命周期：生成项目报告、站点以及发布站点。

8.4　常用 Maven 插件

Maven 实际上是一个依赖插件执行的框架，每个任务实际上是由插件完成。Maven 插件通常被用来执行以下操作：

(1) 创建 jar 文件；

(2) 创建 war 文件；

(3) 编译代码文件；

(4) 代码单元测试；

(5) 创建工程文档；

(6) 创建工程报告。

常用插件如表 8.1 所示。

表 8.1　Maven 常用插件

插件	描　述
clean	构建之后清理目标文件。删除目标目录
compiler	编译 Java 源文件
surefile	运行 JUnit 单元测试。创建测试报告
jar	从当前工程中构建 JAR 文件
war	从当前工程中构建 WAR 文件
javadoc	为工程生成 Javadoc
antrun	从构建过程的任意一个阶段中运行一个 ant 任务的集合

下面我们以 clean 插件为例介绍 maven 插件的使用。IDEA 集成开发环境执行 Maven 的 clean 命令，可以清理目标文件，删除目标目录，执行结果如图 8-27 所示。

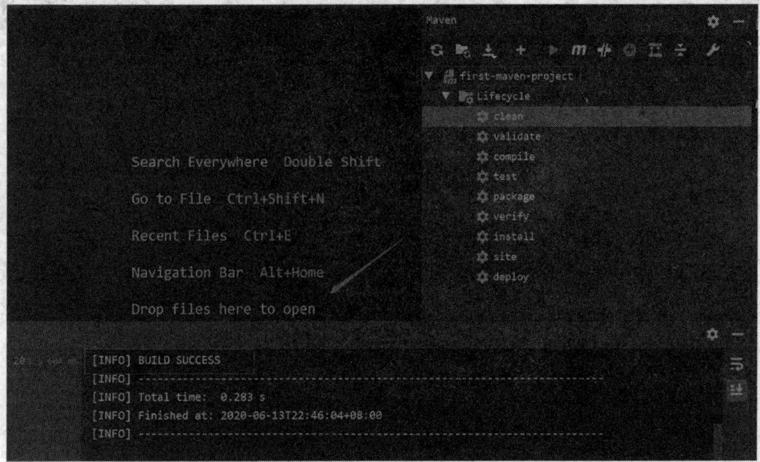

图 8-27　执行 Maven 的 clean 命令

8.5 依赖管理

Maven 的一个核心特性就是依赖管理。当我们处理多模块的项目(包含成百上千个模块或者子项目)，模块间的依赖关系就变得非常复杂，管理也变得很困难。针对此种情形，Maven 提供了一种高度控制的方法。

8.5.1 传递性依赖

当项目 A 依赖 B，而 B 又依赖 C 时，自然的 A 也会依赖 C，当 Maven 在建立项目 A 的时候，会自动加载对 C 的依赖。Maven 通过读取项目文件(pom.xml)，找出项目之间的依赖关系。我们需要做的只是在每个项目的 pom 中定义好直接的依赖关系，Maven 会维护好项目间的依赖关系。

通过传递性依赖，Maven 项目会出现重复库(jar 包)问题，即通过不同的路径依赖相同库或路径深度相同但依赖相同库的版本不同的情况。Maven 提供了传递性依赖调节原则处理这类问题，如图 8-28 所示。图中 A 依赖 B 和 C，而 B 又依赖 D，D 依赖 E1.0，C 依赖于 E2.0。那么 A 到底是依赖 E1.0 还是 E2.0 呢？当一个项目同时经过不同的路径依赖于同一个组件时，Maven 根据依赖调节第一原则即最短路径的规则选择依赖库的版本。由于 A 依赖 E1.0 的深度为 3，A 依赖 E2.0 的深度为 2，所以 A 会依赖相对路径最短的 E2.0。当深度一样时，Maven 会根据依赖调节第二原则，按 pom 中声明的顺序，谁先被声明谁就优先的策略去选择依赖库。假设 A 依赖 E1.0 和 E2.0 且深度一样，若 E1.0 先与 E2.0 声明，则 Maven 会选择 A 依赖于 E1.0，相反 A 依赖 E2.0。

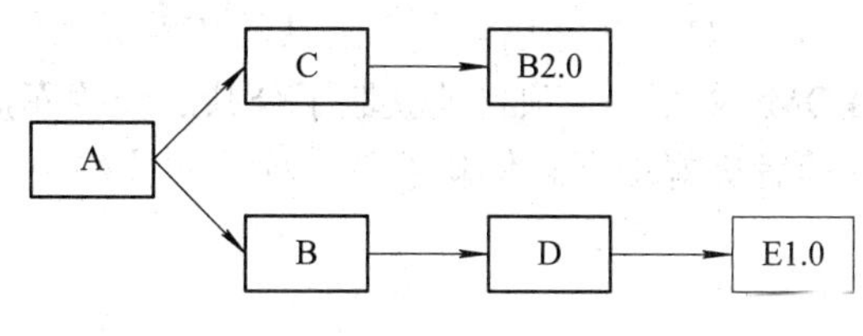

图 8-28　项目依赖图(1)

8.5.2 依赖范围

在定义项目依赖项的时候，我们可以通过 scope 来指定该依赖项的作用范围。scope 的取值有 compile、runtime、test、provided、system 和 import。

compile:这是依赖项的默认作用范围，即当没有指定依赖项的 scope 时，默认使用 compile。compile 范围内的依赖项在所有情况下都是有效的，包括在运行、测试和编译时。

runtime：表示该依赖项只有在运行时才是需要的，在编译的时候不需要。这种类型的依赖项将在运行和 test 的类路径下可以访问。

test：表示该依赖项只对测试时有用，包括测试代码的编译和运行，对于正常的项目运行是没有影响的。

provided：表示该依赖项将由 JDK 或者运行容器在运行时提供，也就是说由 Maven 提供的该依赖项，我们只有在编译和测试时才会用到，而在运行时将由 JDK 或者运行容器提供。

system：当 scope 为 system 时，表示该依赖项是我们自己提供的，不需要 Maven 到仓库里去找。指定 scope 为 system 需要与另一个属性元素 systemPath 一起使用，它表示该依赖项在当前系统的位置，使用的是绝对路径。比如官网给出了一个关于使用 JDK 的 tools.jar 的例子，代码如下：

```
<project>
  ...
  <dependencies>
    <dependency>
      <groupId>sun.jdk</groupId>
      <artifactId>tools</artifactId>
      <version>12.0.2</version>
      <scope>system</scope>
      <systemPath>${java.home}/../lib/tools.jar</systemPath>
    </dependency>
  </dependencies>
  ...
</project>
```

8.5.3 依赖管理

在项目开发实践中，存在一系列的 Maven 项目依赖大量的相同的库文件的情况。我们可以创建一个 POM 文件，该 POM 文件包含所有公共的依赖关系，子项目的 POM 文件引用包含公共依赖关系的 POM 文件，子项目就获取了公共的依赖库，从而优化了项目的开发。下面的例子可以帮助读者更好地理解依赖管理。项目间依赖关系如图 8-29 所示。

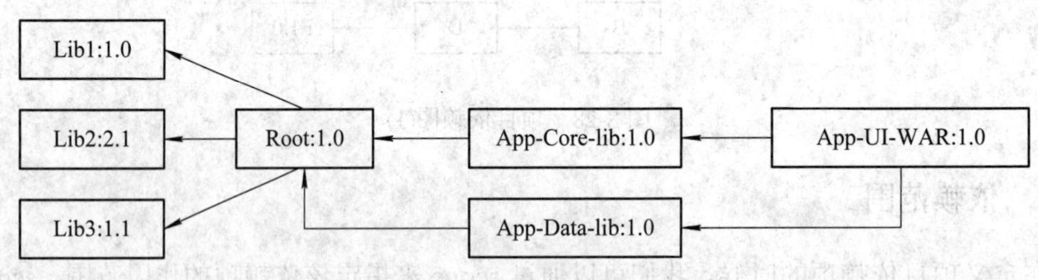

图 8-29 项目依赖图(2)

图 8-29 所示依赖关系详细说明：App-UI-WAR 依赖 App-Core-lib 和 App-Data-lib，App-Core-lib 和 App-Data-lib 依赖 Root，Root 依赖 lib1、lib2 和 lib3。

App-UI-WAR 的 POM 文件如下：

```
<project xmlns="http://maven.apache.org/POM/4.0.0"
  xmlns:xsi="http://www.w3.org/2001/XMLSchema-instance"
  xsi:schemaLocation="http://maven.apache.org/POM/4.0.0
```

```
    http://maven.apache.org/xsd/maven-4.0.0.xsd">
        <modelVersion>4.0.0</modelVersion>
        <groupId>com.companyname.groupname</groupId>
        <artifactId>App-UI-WAR</artifactId>
        <version>1.0</version>
        <packaging>war</packaging>
        <dependencies>
            <dependency>
                <groupId>com.companyname.groupname</groupId>
                <artifactId>App-Core-lib</artifactId>
                <version>1.0</version>
            </dependency>
        </dependencies>
        <dependencies>
            <dependency>
                <groupId>com.companyname.groupname</groupId>
                <artifactId>App-Data-lib</artifactId>
                <version>1.0</version>
            </dependency>
        </dependencies>
</project>
```

App-Core-lib 的 POM 文件如下：

```
<project xmlns="http://maven.apache.org/POM/4.0.0"
    xmlns:xsi="http://www.w3.org/2001/XMLSchema-instance"
    xsi:schemaLocation="http://maven.apache.org/POM/4.0.0
    http://maven.apache.org/xsd/maven-4.0.0.xsd">
        <parent>
            <artifactId>Root</artifactId>
            <groupId>com.companyname.groupname</groupId>
            <version>1.0</version>
        </parent>
        <modelVersion>4.0.0</modelVersion>
        <groupId>com.companyname.groupname</groupId>
        <artifactId>App-Core-lib</artifactId>
        <version>1.0</version>
        <packaging>jar</packaging>
</project>
```

App-Data-lib 的 POM 文件如下：

```
<project xmlns="http://maven.apache.org/POM/4.0.0"
```

```
    xmlns:xsi="http://www.w3.org/2001/XMLSchema-instance"
    xsi:schemaLocation="http://maven.apache.org/POM/4.0.0
    http://maven.apache.org/xsd/maven-4.0.0.xsd">
        <parent>
            <artifactId>Root</artifactId>
            <groupId>com.companyname.groupname</groupId>
            <version>1.0</version>
        </parent>
        <modelVersion>4.0.0</modelVersion>
        <groupId>com.companyname.groupname</groupId>
          <artifactId>App-Data-lib</artifactId>
        <version>1.0</version>
        <packaging>jar</packaging>
</project>
```

Root 的 POM 文件如下：

```
<project xmlns="http://maven.apache.org/POM/4.0.0"
    xmlns:xsi="http://www.w3.org/2001/XMLSchema-instance"
    xsi:schemaLocation="http://maven.apache.org/POM/4.0.0
    http://maven.apache.org/xsd/maven-4.0.0.xsd">
        <modelVersion>4.0.0</modelVersion>
        <groupId>com.companyname.groupname</groupId>
        <artifactId>Root</artifactId>
        <version>1.0</version>
        <packaging>pom</packaging>
        <dependencies>
            <dependency>
                <groupId>com.companyname.groupname1</groupId>
                <artifactId>Lib1</artifactId>
                <version>1.0</version>
            </dependency>
        </dependencies>
        <dependencies>
            <dependency>
                <groupId>com.companyname.groupname2</groupId>
                <artifactId>Lib2</artifactId>
                <version>2.1</version>
            </dependency>
        </dependencies>
        <dependencies>
```

```
        <dependency>
            <groupId>com.companyname.groupname3</groupId>
            <artifactId>Lib3</artifactId>
            <version>1.1</version>
        </dependency>
    </dependencies>
</project>
```

现在，当我们构建 App-UI-WAR 工程时，Maven 将会通过遍历依赖图找到所有的依赖关系，并且构建该应用程序。

通过构建 App-UI-WAR 的工程，可以获取如下经验：公共的依赖可以使用 pom 文件 parent 标签统一放在一起。App-Data-lib 和 App-Core-lib 工程的依赖在 Root 工程里列举了出来(参考 Root 的包类型，它是一个 POM)，在 App-Data-lib 和 App-Core-lib 工程 pom.xml 中，添加<parent>标签引用父工程，统一的依赖管理(父工程的<dependencies>，子工程不必重新引入)。除此之外，<parent>标签还有其他功能，比如统一管理 jar 包的版本、控制插件的版本和聚合工程等。

本 章 小 结

本章主要介绍了 Maven 的概念，使用 Maven 的好处；创建 Maven 工程、编译 Maven、安装 Maven 工程和部署 Maven 项目；介绍了 Maven 的生命周期和常用的 Maven 插件；介绍了 Maven 工程的依赖管理。

本章涉及代码下载地址为：https://github.com/bay-chen/ssm2/blob/master/code/ssm_chapter8.zip。

练 习 题

简答题

1．简述 Maven 的概念。
2．简述 Maven 的优点。
3．简述 Maven 工程的目录结构。
4．简述 Maven 坐标的组成。
5．简答 Maven 的仓库。
6．简述 Maven 常用的命令有哪些。
7．简述 Maven 的生命周期。
8．简述 Maven 依赖的解析机制。
9．简述 Maven 多模块如何聚合
10．简述常见的 Maven 私服的仓库类型。
11．简述 Maven 的缺点。

第九章 项 目 实 战

本章遵循软件工程开发流程，经过需求分析、系统分析与设计、编码实现等阶段实现了机房管理系统和简化经销存系统。

本章知识要点

- 项目的需求分析；
- 概要设计；
- 数据库设计；
- 功能实现。

9.1 机房管理系统

9.1.1 项目需求

随着计算机行业的发展，各大高校招收计算机行业的人才越来越多，随之而来的就是建设计算机机房的需求。近几年我国的计算机机房如雨后春笋般建立起来，但是也存在着不少问题。由于教学任务的增加，实验软件的种类和数量不断增加，再加上学生的一些不规范操作使得计算机的硬件经常发生故障，同时由于机房授课教师大多不懂硬件方面的东西，出了故障，只能让专业维修硬件的值班教师维修。怎么才能便捷高效地使两者之间联系起来呢？怎么才能高效地记录故障并管理故障信息呢？

通过互联网技术，开发计算机机房管理系统，满足了任课教师和硬件维修教师(值班老师)的即时通信问题，并且能记录故障的信息，任课教师提交了故障信息之后，系统自动把故障信息记录下来。硬件维修教师就可以查看故障，及时处理故障和修改故障状态。管理员可以看到故障是由谁创建、谁解决的等相关信息，而且系统还配备了其他一些常用功能，如考勤管理、文件共享、查看课表等。使用该系统可以极大地节省人力物力。

1．系统流程

面向计算机机房的管理系统(简称机房管理系统)是以故障管理、考勤管理、共享资源等多个相对独立的模块构成，业务之间相对独立。本章介绍两个重点业务流程——故障管理与考勤管理业务流程。机房管理系统的故障管理模块流程如图 9-1 所示。

任课教师发现机房故障后，选择添加一个故障，系统弹出一个填写故障信息的表单。故障信息填写无误后，则提交成功，确定添加了一条故障信息。值班教师登录系统后，查询故障信息可以看到该条故障信息。若该故障现在无人处理，则去处理该故障。处理完成后，任课教师去查看故障是否解决。若故障已解决，则流程结束。若故障没有解决，则反馈至管理员，由管理员进行现场审核。若管理员审核故障已处理完成，则流程结束。若管理员审核故障没有处理完成，则值班教师需继续处理，直至处理完成为止。

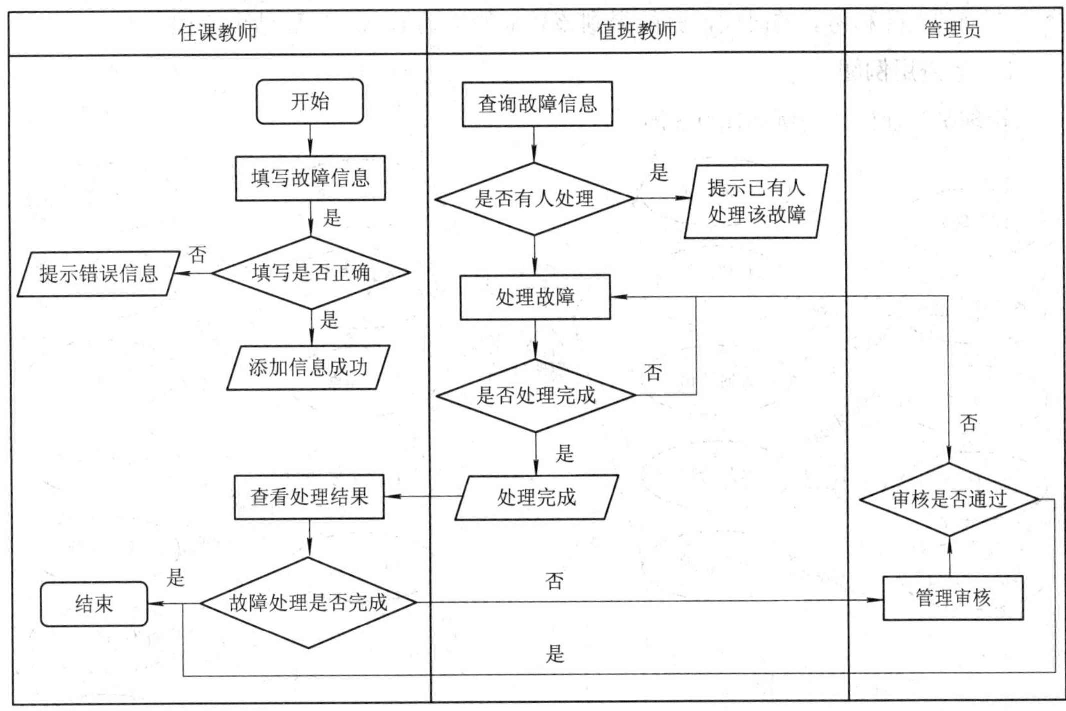

图 9-1　计算机机房故障管理业务流程图

计算机机房教师考勤业务流程如图 9-2 所示。

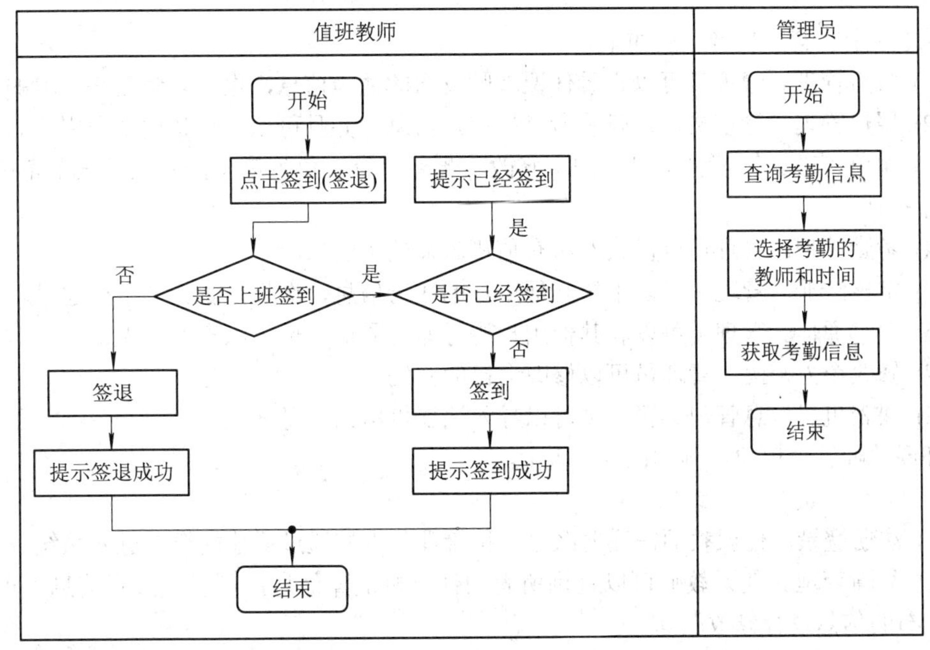

图 9-2　计算机机房教师考勤业务流程图

值班教师签到时，首先选择是上班签到还是下班签退。选择上班签到的话，再验证今日是否已经签到，若已签到，则提示“已经签到”。若未签到，则签到成功，流程结束。下班签退流程相同，不再赘述。管理员可以查询值班教师的考勤信息，选择查看考勤，选择要查询的教师和考勤的时间，就能得到该教师的考勤信息，然后结束流程。

2. 系统用例图

管理员管理模块用例如图 9-3 所示。

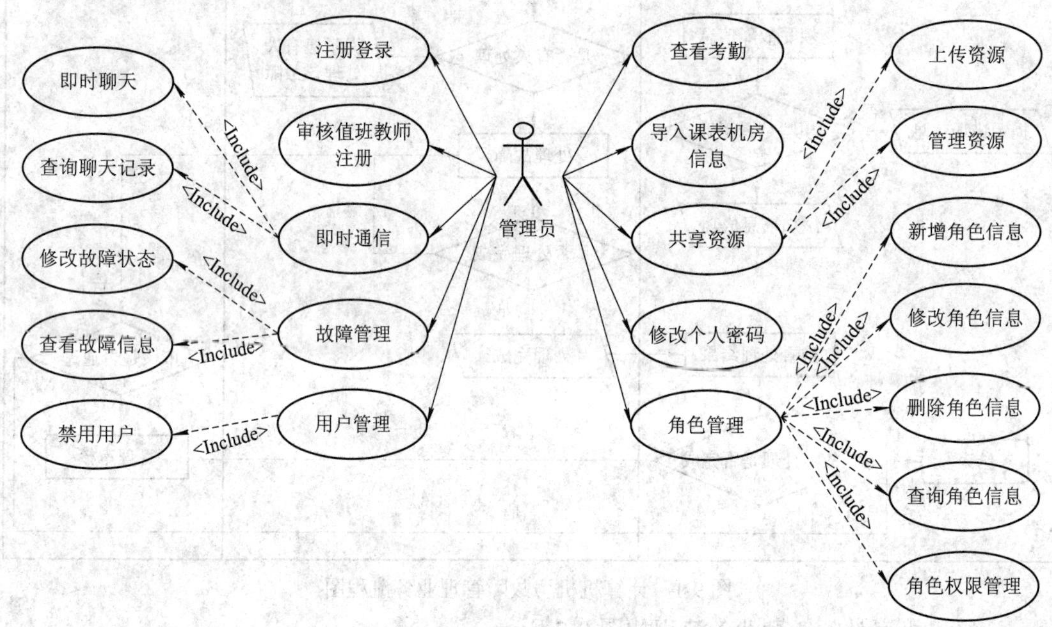

图 9-3　管理员管理模块用例图

图 9-3 中包含的功能介绍如下：

(1) 故障管理。管理员可以查看任课教师发布的故障信息，也可以修改其故障的状态。

(2) 用户管理。管理员可以查看所有的用户信息，并且可以选择禁用某个用户。

(3) 角色管理。管理员可以添加、修改、删除、查看角色信息，并且对某个角色的权限进行分配。

(4) 考勤管理。管理员可以查看所有值班教师的考勤情况。

(5) 审核注册。管理员可以审核其他用户的注册信息，选择是否让其审核通过。

(6) 即时通信。管理员可以和其他用户进行即时通信，也可以查看聊天记录。

(7) 修改个人密码。管理员可以修改自己的密码。

(8) 课表机房信息管理。管理员可以导入课表机房的信息。

任课教师管理模块用例如图 9-4 所示。

图 9-4 包含的功能介绍如下：

(1) 注册登录。任课教师需注册账号，待管理员审核通过后才能登录进入系统。

(2) 故障管理。任课教师可以查询所有的计算机故障信息，可发布故障信息，也可对自己发布的信息进行修改删除。

(3) 即时通信。任课教师可以和其他用户进行即时的通信，也可以查看聊天记录。

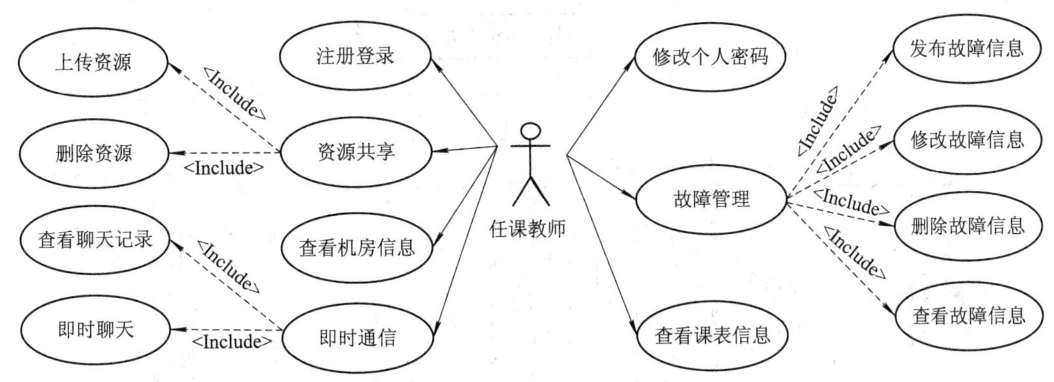

图 9-4　任课教师管理模块用例图

(4) 资源共享。任课教师可以上传资源、下载资源和操作自己上传的资源信息。

(5) 查看课表机房信息。任课教师可以查看自己或其他教师的课表信息，也可以查看机房教室的情况，如某个时刻是否空闲，是否有故障未处理好等。

(6) 修改个人密码。任课教师可以修改自己的密码。

值班教师管理模块用例如图 9-5 所示。

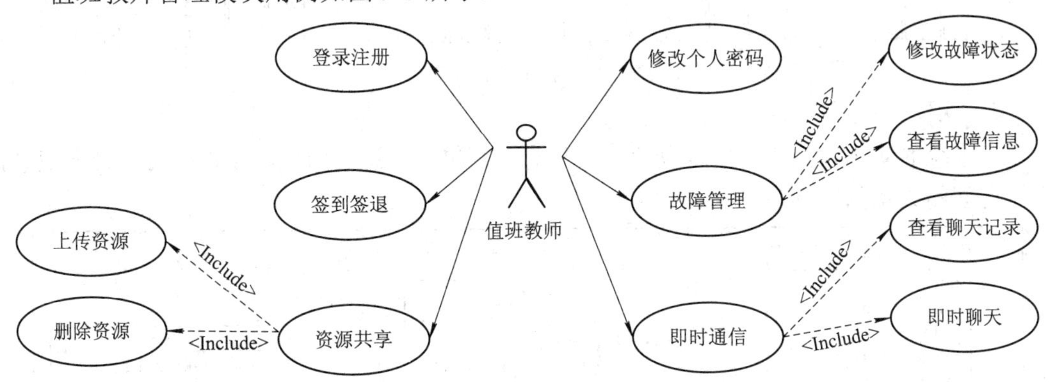

图 9-5　值班教师管理模块用例图

图 9-5 包含的功能介绍如下：

(1) 注册登录。值班教师需注册账号，待管理员审核通过后才能登录进入系统。

(2) 考勤管理。值班教师需要在上班下班的时候签到签退，管理员可以查看到这个考勤信息。

(3) 故障管理。值班教师可以查询所有的故障信息，并将某个故障设置为自己处理，然后可以修改该故障的状态。

(4) 即时通信。值班教师可以和其他用户进行即时通信，也可以查看聊天记录。

(5) 资源共享。值班教师可以上传资源、下载资源和操作自己上传的资源信息。

(6) 修改个人密码。值班教师可以修改自己的密码。

9.1.2　系统分析与设计

1. 功能模块图

该系统具有的功能主要有故障管理、资源共享、课表机房信息管理、考勤管理和权限管理等，如图 9-6 所示。

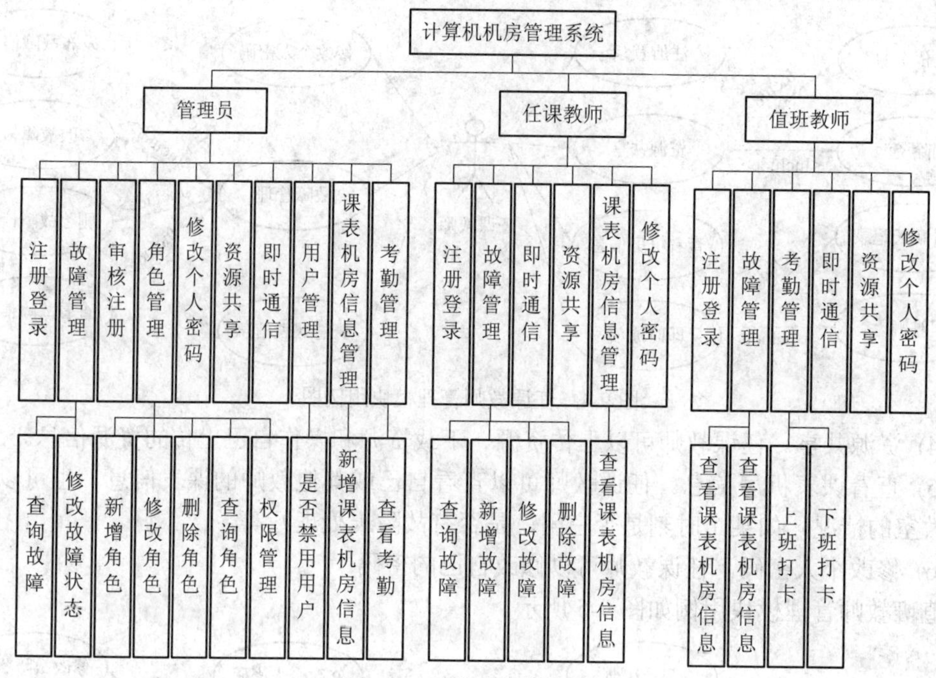

图 9-6　系统功能模块图

2．实体关系图

该系统的实体包括用户、考勤、故障信息、菜单、资源、角色、课程、用户聊天记录，它们之间的关系如图 9-7 所示。

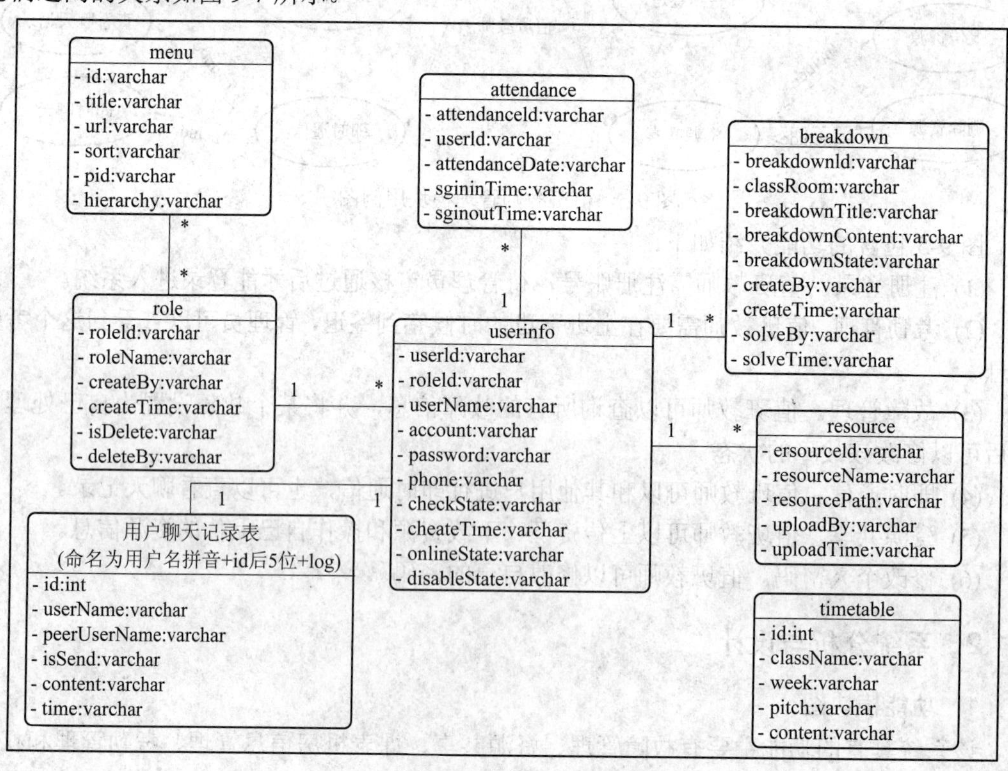

图 9-7　实体关系图

3. 物理模型

本系统使用的是 MySQL 数据库，主要的数据库表结构如下所述。

(1) 用户表用于存储用户相关信息，如表 9.1 所示。

表 9.1　userinfo(用户)表

序号	列名	数据类型	长度	标识	主键	允许空	说　明
1	userId	varchar	32	是	是	否	用户编号
2	roleId	varchar	32			否	用户角色编号
3	userName	varchar	10			否	用户姓名
4	account	varchar	20			否	用户账号
5	password	varchar	32			否	用户密码
6	phone	varchar	11			否	用户手机号码
7	checkState	varchar	1			否	审核状态(默认为 0，审核未通过)
8	createTime	varchar	30			否	注册时间
9	onlineState	varchar	1			否	在线状态(默认为 0，离线)
10	disabledState	varchar	1			否	禁用状态(默认为 0，未禁用)

(2) 用户考勤表用于存储教师的考勤信息，如表 9.2 所示。

表 9.2　attendance(用户考勤)表

序号	列名	数据类型	长度	标识	主键	允许空	说　明
1	attendanceId	varchar	32	是	是	否	考勤编号
2	userId	varchar	32			否	用户编号
3	attendanceDate	varchar	30			否	考勤日期
4	signinTime	varchar	30			是	签到时间
5	signoutTime	varchar	30			是	签退时间

(3) 故障信息表用于存储计算机的故障信息，如表 9.3 所示。

表 9.3　breakdown(故障信息)表

序号	列名	数据类型	长度	标识	主键	允许空	说　明
1	breakdownId	varchar	32	是	是	否	故障编号
2	classRoom	varchar	12			否	故障教室
3	breakdownTitle	varchar	100			否	故障标题
4	breakdownContent	text				否	故障内容
5	breakdownState	varchar	2			否	故障状态(默认为 0，未处理，1 为处理中，2 为处理完成)
6	createBy	varchar	32			否	发布人用户编号
7	createTime	varchar	30			否	故障发布时间
8	solveBy	varchar	32			是	处理人用户编号
9	solveTime	varchar	30			是	故障处理时间

(4) 菜单表用于存储用户能够访问的各个页面信息，如表 9.4 所示。

表 9.4　menu(菜单)表

序号	列名	数据类型	长度	标识	主键	允许空	说　明
1	id	varchar	2	是	是	否	菜单编号
2	title	varchar	20			否	菜单标题
3	url	varchar	100			否	菜单路径
4	sort	varchar	2			否	菜单序号
5	pid	varchar	2			否	菜单父级编号
6	hierarchy	varchar	1			否	菜单层数

(5) 资源表用于存储用户上传的资源信息，如表 9.5 所示。

表 9.5　resource(资源)表

序号	列名	数据类型	长度	标识	主键	允许空	说　明
1	resourceId	varchar	32	是	是	否	资源编号
2	resourceName	varchar	100			否	资源名称
3	resourcePath	varchar	20			否	资源根路径
4	uploadBy	varchar	32			否	上传者编号
5	uploadTime	varchar	30			否	上传时间

(6) 角色表用于存储系统的角色信息，如表 9.6 所示。

表 9.6　role(用户)表

序号	列名	数据类型	长度	标识	主键	允许空	说　明
1	roleId	int	2	是	是	否	角色自增长编号
2	roleName	varchar	20			否	角色名称
3	createBy	varchar	32			否	创建者编号
4	createTime	varchar	20			否	创建时间
5	isDelete	varchar	1			否	是否删除(0 表示未删除，1 表示删除，默认为 0)
6	deleteBy	varchar	32			是	删除人编号

(7) 课程表用于存储系统的课程信息，如表 9.7 所示。

表 9.7　timetable(课程)表

序号	列名	数据类型	长度	标识	主键	允许空	说　明
1	id	int	2	是	是	否	课程自增长编号
2	className	varchar	20			否	班级名称
3	week	varchar	1			否	课程周数
4	pitch	varchar	1			否	课程节数
5	content	varchar	100			否	课表内容

(8) 用户聊天记录表是动态生成的表，命名为用户拼音+id 后 5 位+_log，用于存储用户的聊天信息，如表 9.8 所示。

表 9.8　用户聊天记录表

序号	列名	数据类型	长度	标识	主键	允许空	说　明
1	id	int	2	是	是	否	聊条记录自增长编号
2	userName	varchar	20			否	发送者姓名
3	peerUserName	varchar	20			否	接收者姓名
4	isSend	varchar	1			否	是否为发送方(0 为发送方，1 为接受方)
5	content	varchar	255			否	聊天记录内容
6	time	varchar	30			否	消息发送时间

9.1.3　功能实现

本书讲解了当前流行的 Java EE 框架技术 Spring MVC、Spring 和 MyBatic，本章利用前面章节讲述的三大框架系统进行后台实现，仅提供关键代码。

1．修改故障状态

1) 实现原理

当值班教师进入处理故障页面时，可以查看到任课教师发布的机房故障信息，页面提供了查看操作，可以查看任课教师发布机房故障信息的详细情况；值班教师单击“去处理”按钮，将本故障纳入自己处理范畴，其他值班教师再单击“去处理”按钮时，系统提示“该故障已有人处理”。值班教师进入“我的处理”页面时，可以查看到自己选择要处理的故障信息，处理完成之后，单击“处理完成”按钮，完成故障的处理。

2) 界面原型

修改故障状态的界面原型分为处理故障和我的处理两个页面。

(1) 处理故障页面如图 9-8 所示。

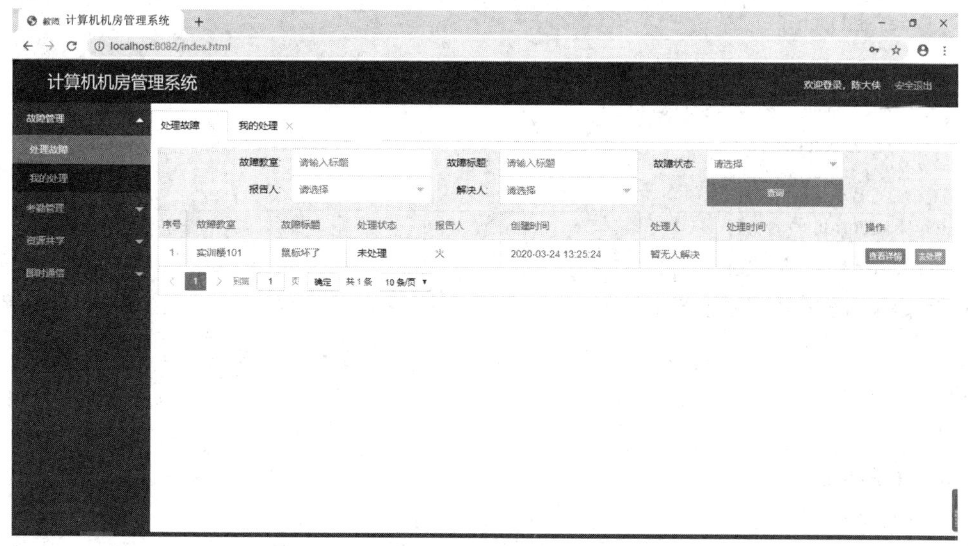

图 9-8　处理故障的界面原型

(2) “我的处理”页面如图 9-9 所示。

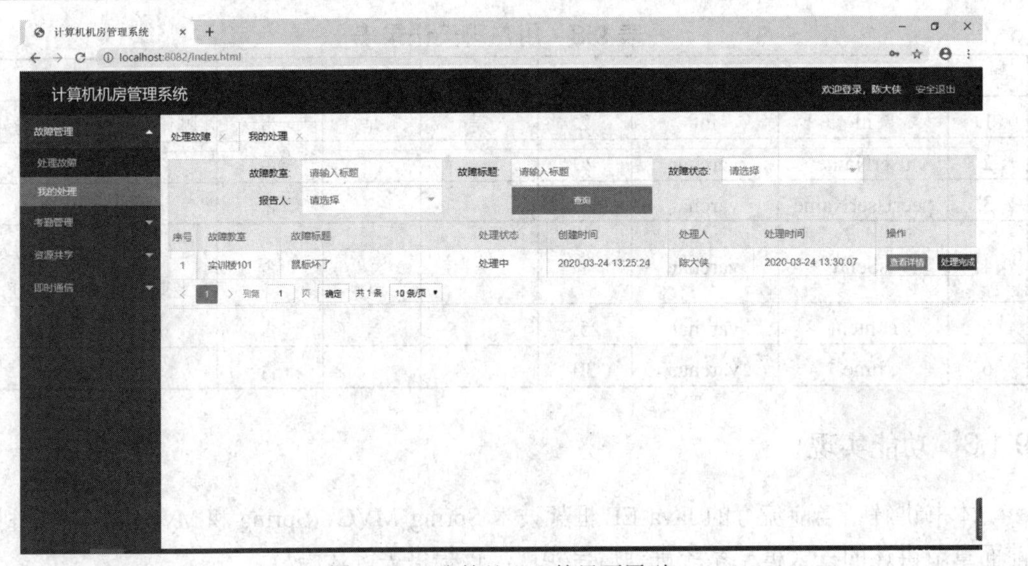

图 9-9 “我的处理”的界面原型

3) 关键代码

修改故障状态的关键代码如下：

```
@RequestMapping(value = "/updateBreakdownState", method = {RequestMethod.GET, RequestMethod.POST})
@ResponseBody
public ResponseMsg<Integer> updateBreakdownState(@RequestBody Breakdown breakdown){
    ResponseMsg<Integer> res = new ResponseMsg<>();
    try{
        int i = breakdownService.updateBreakdownState(breakdown);
        if(i==0){
            res.success("故障已经有人处理了，请重新查询，再选择！");
            res.setData(i);
        }else{
            res.success("修改故障状态成功");
            res.setData(i);
        }
    }catch (Exception e){
        res.fail("修改故障状态失败");
        logger.error("修改故障状态失败",e);
    }
    return res;
}
```

2. 查看考勤

1) 实现原理

管理员进入查看考勤界面，可以根据条件或无条件查询值班教师在该月的大致考勤情况，如签到了几天等。单击某个教师操作行的“查看考勤”按钮，进入考勤详细界面，可以看到该教师在该月的详细考勤情况。

2) 界面原型

查看考勤的界面原型分为考勤大致情况和考勤详细情况两个页面。

(1) 考勤大致情况页面如图 9-10 所示。

图 9-10　考勤大致情况的界面原型

(2) 考勤详细情况页面如图 9-11 所示。

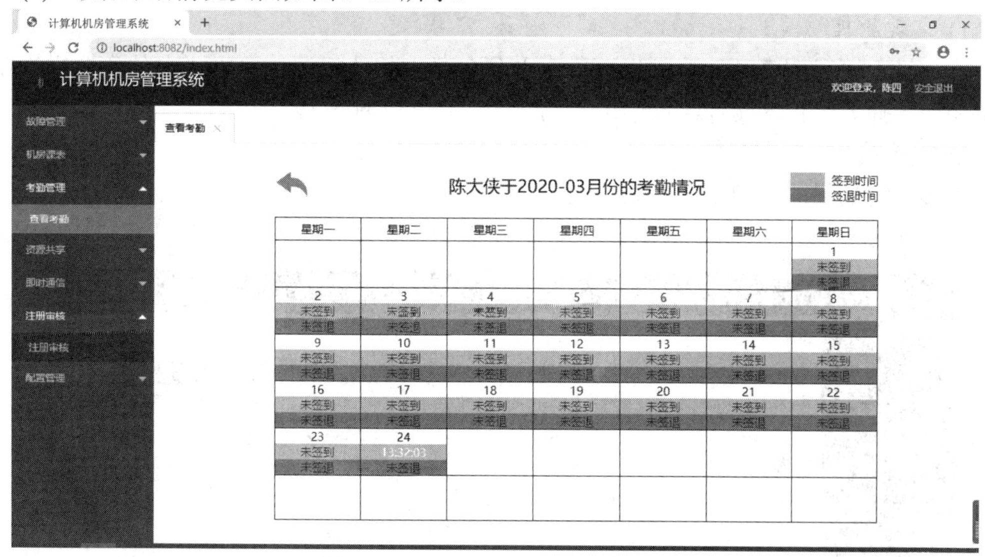

图 9-11　考勤详细情况的界面原型

3) 关键代码

查看考勤功能的关键代码如下：

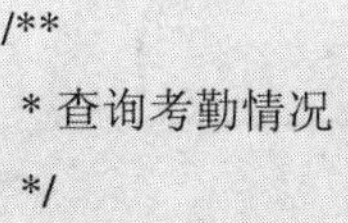

```
/**
 * 查询考勤情况
 */
```

```
@RequestMapping(value = "/selectAttendance", method = {RequestMethod.GET, RequestMethod.POST})
@ResponseBody
public ResponseMsg<List<Attendance>> selectAttendance(@RequestParam(value = "userid") String userid,
@RequestParam("date") String date){
    ResponseMsg<List<Attendance>> res = new ResponseMsg<>();
    try{
        Map<String,Object> params = new HashMap<>();
        params.put("userid",userid);
        params.put("year",date.substring(0,4));
        params.put("month",date.substring(5,7));
        res.success("查询考勤情况成功");
        res.setData(attendanceService.selectAttendance(params));
        res.setTotal(GetBeginAndEndDate.getWeekday(date+"-01"));
    }catch (Exception e){
        res.fail("查询考勤情况失败");
        logger.error("查询考勤情况失败",e);
    }
    return res;
}
```

3. 上传资源

1) 实现原理

用户进入“我的资源”页面，可以查看到自己上传的资源，单击“上传资源”按钮上传资源，选择要上传的文件，再单击“确认”，上传文件成功。

2) 界面原型

上传资源的界面原型如图 9-12 所示。

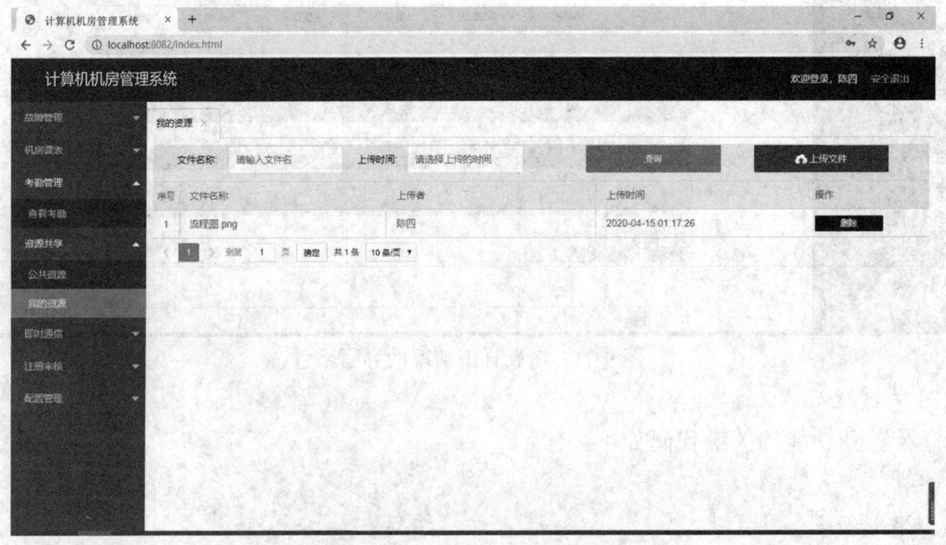

图 9-12 上传资源的界面原型

3) 关键代码

上传资源的关键代码如下：

```
/**
 * 上传文件
 * @return
 * @throws IOException
 */
@RequestMapping(value = "/upload", method = {RequestMethod.GET, RequestMethod.POST})
@ResponseBody
public ResponseMsg<String> upLoad(MultipartFile file,@RequestParam("userId") String userId)throws
IOException{
    ResponseMsg<String> res = new ResponseMsg<>();
    try{
        Map<String,Object> params = Upload.up(file);
        params.put("uploadBy",userId);
        resourceService.uploadResource(params);
        res.success("上传文件成功");
    }catch (Exception e){
        res.fail("上传文件失败");
        logger.error("上传文件失败",e);
    }
    return res;
}
//上传文件
public static Map<String,Object> up(MultipartFile file) throws IOException {
        String date = sdf.format(new Date());

        String name = file.getOriginalFilename();          //文件名
        //存成时间文件名在文件夹里
        String img = url+date+name;
        file.transferTo(new File(img));

        Map<String,Object> params = new HashMap<>();
        params.put("resourceName",name);
        params.put("resourcePath",url);
        params.put("uploadTime",date);
    return params;
}
```

4．即时通信

1) 实现原理

当用户进入这个页面后，系统将显示所有的用户信息和他们的在线状态信息，若有其他用户发送的离线信息也将收到。用户登录后将自己的在线状态修改为在线。单击左侧某个用户进行通信，在右下方的文本框内输入信息内容，单击“发送”按钮或者是按回车键发送消息。单击右上方“聊天记录”按钮查看聊天记录。

2) 界面原型

即时通信的界面原型如图 9-13 所示。

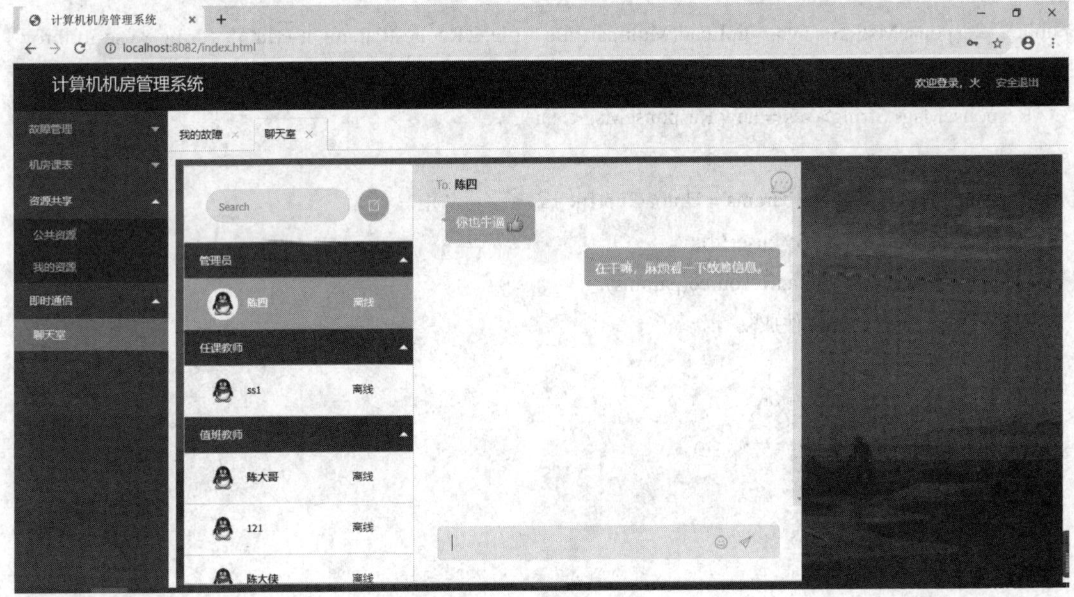

图 9-13　即时通信界面原型

3) 关键代码

及时通信的关键代码如下：

```
/**
 * 收到消息时执行
 */
@OnMessage
public void onMessage(String message, Session session) throws IOException {
    //System.out.println("来自客户端的消息:" + message);
    String[] messages = message.split("-f,t-");
    String userName = messages[0].trim();
    //接收者名称
    String toName = messages[1].trim();
    //发送给接收者的信息
```

```
    String toMessage = 1 >= messages.length ? "" : messages[2];

    String content = userName+","+toName+","+toMessage;
    //发送方的map
    Map<String,Object> sendParams = new HashMap<>();
    //第一个就是发送人的姓名,isSend是否是发送方，发送方为1，接收方为0
    sendParams.put("userName",userName);
    sendParams.put("peerUserName",toName);
    sendParams.put("isSend","1");
    sendParams.put("content",toMessage);
    sendParams.put("time",sdf.format(new Date()));

    //接受方的map
    Map<String,Object> receiveParams = new HashMap<>();
    receiveParams.put("userName",toName);
    receiveParams.put("peerUserName",userName);
    receiveParams.put("isSend","0");
    receiveParams.put("content",toMessage);
    receiveParams.put("time",sdf.format(new Date()));

    keepUserLog(userName,toName,sendParams,receiveParams);

    //发消息
    for(Map<String, WebSocketServer> item: mapSocket){
        try {
            for (String key : item.keySet()) {
                //将消息显示到发送方和接收方的页面上
                if(toName.equals(key)||userName.equals(key)) {
                    WebSocketServer myWebSocket = item.get(key);
                    myWebSocket.sendMessage(key, content);
                }
            }
        } catch (IOException e) {
            e.printStackTrace();
            continue;
        }
    }
}
```

9.2 简化进销存系统

9.2.1 项目需求

简化的进销存系统，主要有销售、进货两个业务。销售是公司的销售人员将生产的商品卖给客户，生成销售订单。进货是公司的采购人员向供应商采购原材料，生成采购订单。与此同时，公司有管理人员能够对公司的员工、商品、供应商和客户进行统一管理和维护。另外，要求系统采用 B/S 方式，界面简单清晰，业务简化，程序逻辑简洁，代码规范，性能良好，可维护性好；数据库设计遵照 3NF 规范，尽量简化，避免复杂。

经过整理分析可得到本系统主要参与者有采购员、销售员和管理员，对于系统的功能有进货管理、订货管理和基础信息维护(员工档案、商品档案、客户档案维护)，用例概述如表 9.9 所示，其用例图如图 9-14 所示。

表 9.9 用 例 概 述

进货管理	由总公司向供应商发出进货单，进货单需提供客户名称(供应商)、货物名称、进货数量、进货日期、货物单价、货物金额((货物单价 × 货物数量)两位小数)、经手人的信息
销售管理	由销售商向总公司提交订货单，订货单需提供客户名称(销售商)、货物名称、货物数量、订货日期、经手人的信息
员工档案	建立公司的员工档案，也为系统中的经手人提供数据。员工档案包括员工编号、员工名称、员工出生年月日、员工性别、员工电话、员工 E-mail 信息
商品档案	建立公司所有的商品档案，为系统中涉及的商品提供数据。商品档案包括商品编号、商品名称、商品单价的信息
客户档案	建立公司的客户档案(供应商/销售商)，客户档案包括客户编号、客户名称、客户电话、客户地址、客户 E-mail 信息

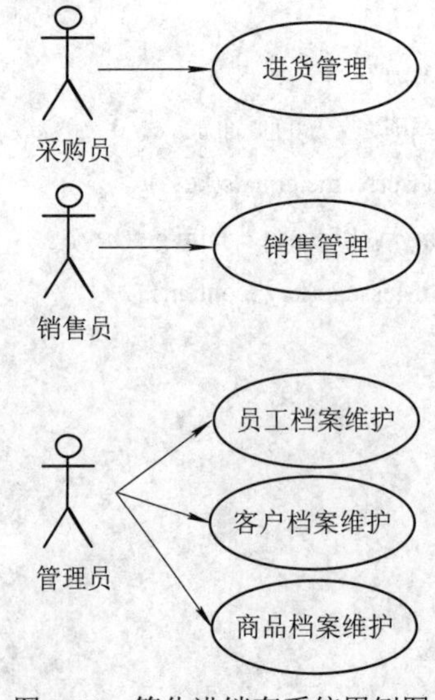

图 9-14 简化进销存系统用例图

9.2.2　系统分析与设计

1．功能模块图

该系统具有的功能主要有销售管理、进货管理、档案管理等，如图 9-15 所示。

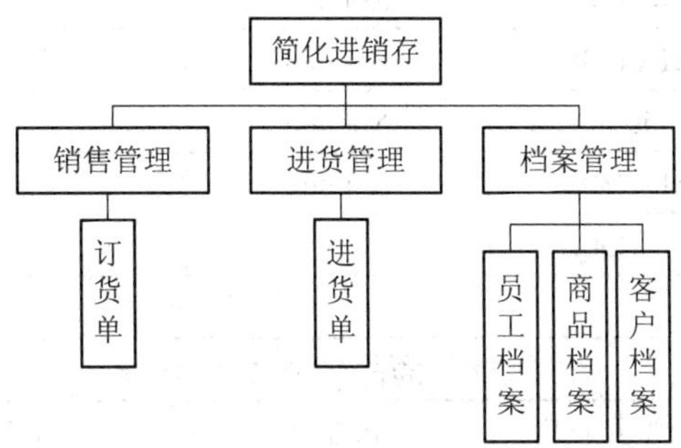

图 9-15　系统功能模块图

2．实体关系图

通过对简化进销存系统业务流程及其单据进行分析和抽取，可得到整个系统的实体有客户档案、进货单、订单、员工档案和商品档案五个实体，它们之间的关系如图 9-16 所示。

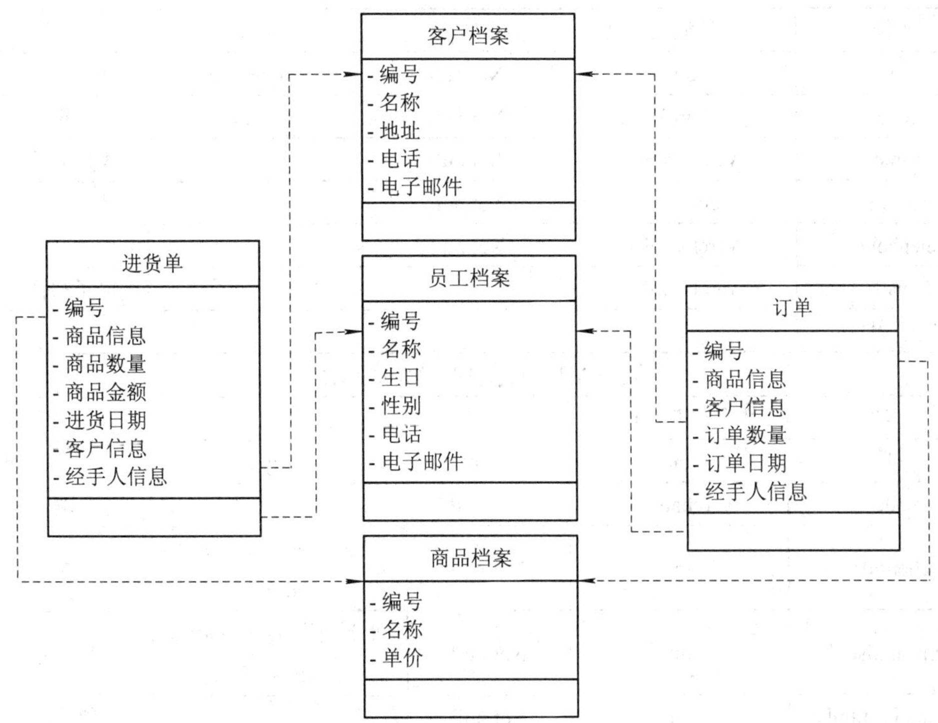

图 9-16　简化进销存系统实体关系图

3．物理模型

本系统使用 MySQL 作为数据库，主要的数据库表如表 9.10～表 9.14 所示。

表 9.10 员工档案(employee)

列名	数据类型及长度	空/非空	约束	字段说明
id	int	Not null	Primary key	--序号(自动增长)
code	char(3)	Not null		--员工编号
name	Varchar(10)	Not null		--姓名
birthday	Varchar(10)	Not null		--出生日期
sex	bit	Not null		--性别(0-女，1-男)
telephone	Varchar(30)	Not null		--电话
email	Varchar(30)			--电子邮件
补充说明				

表 9.11 商品(merchandise)

列名	数据类型及长度	空/非空	约束	字段说明
id	int	Not null	Primary key	--序号(自动增长)
code	char(3)	Not null	unique	--商品编号
name	Varchar(50)	Not null		--商品名称
price	decimal(10, 2)	Not null		--单价

表 9.12 客户档案(client)

列名	数据类型及长度	空/非空	约束	字段说明
id	int	Not null	Primary key	--序号(自动增长)
code	char(3)	Not null	unique	--客户编号
name	Varchar(50)	Not null		--客户名称
address	Varchar(50)	Not null		--地址
telephone	Varchar(30)	Not null		--电话
email	Varchar(30)			--电子邮件
补充说明				

表 9.13 订货单(stockOrder)

列名	数据类型及长度	空/非空	约束	字段说明
id	int	Not null	Primary key	--序号(自动增长)
code	varchar(11)	Not null		--订单编号
clientid	int	Not null	外键关联 client 表的 id 列	--客户编号
merchandiseid	int	Not null	外键关联 merchandise 表的 id 列	--商品编号
merchandisenumber	int	Not null		--订货数量
orderdate	datetime	Not null		--订货日期
handleoperatorid	int	Not null	外键关联 employee 表的 id 列	--经手人(即员工的编号)

表 9.14　进货单(stockIn)

列名	数据类型及长度	空/非空	约束	字段说明
id	int	Not null	Primary key	--序号(自动增长)
code	varchar(11)	Not null		--进货单编号
clientid	int	Not null	外键关联 client 表的 id 列	--客户编号
merchandiseid	int	Not null	外键关联 merchandise 表的 id 列	--商品编号
amount	int	Not null		--进货数量
price	decimal(10,2)	Not null		--进货单价
money	decimal(10,2)	Not null		--进货总额
stockindate	datetime	Not null		--进货日期
employeeid	int	Not null	外键关联 employee 表的 id 列	--经手人(即员工的编号)

本章小结

本章介绍了计算机机房管理系统和简化进销存系统的需求分析，对系统角色进行了用例建模；进行了系统的数据模型和物理模型的设计；最后使用 Spring、Spring MVC 和 MyBatis 三大流行的框架实现了计算机机房管理系统，具有极好的可扩展性和可维护性。由于前面章节对三大框架已进行了系统介绍和学习，本章主要是应用学过的相关技术来解决系统业务。

本章涉及代码下载地址为：https://github.com/bay-chen/ssm2/blob/master/code/CRMS.zip。

附录 练习题参考答案

★ 第一章

一、选择题

(1) B (2) A (3) C (4) C

二、填空题

(1) apache

(2) SQL，存储过程，高级映射，持久层

(3) XML，注解

(4) 属性，查询结果

(5) Sql Session

三、问答题

略

四、实作题

略

★ 第二章

一、选择题

(1) A (2) A

二、填空题

(1) 属性文件
(2) 属性
(3) cacheEnabled
(4) lazyLoadingEnabled
(5) lazyLoadingEnabled
(6) typeAlias
(7) @Alias
(8) string，int
(9) typeHandlers
(10) environments
(11) environment
(12) JDBC
(13) UNPOOLED，POOLED，JNDI
(14) JDBC，MANAGED
(15) mapper
(16) 代理
(17) 默认构造，参数构造

三、问答题

略

★ 第三章

一、选择题

(1) A (2) C (3) B (4) B (5) D

二、填空题

(1) <select>　(2) <insert>
(3) <update>　(4) <delete>
(5) id　(6) parameterType
(7) resultType　(8) resultMap，resultType
(9) property，colum　(10) constructor
(11) 继承　(12) Association
(13) Collection　(14) ResultMap，Select
(15) <cache/>　(16) cache-ref
(17) OGNL　(18) if
(19) choose，when，otherwise　(20) trim，prefix，suffix，prefixOverrides，suffixOverrides
(21) set　(22) foreach
(23) @Select　(24) @Options
(25) @Update　(26) @Delete
(27) @Results　(28) @One
(29) @One　(30) @SelectProvider
(31) @InsertProvider　(32) @UpdateProvider
(33) @DeleteProvider

三、问答题

略

★ 第四章

一、选择题

(1) BC　(2) AB　(3) BC　(4) D　(5) BC　(6) B　(7) ABD　(8) ABD　(9) AB
(10) BD　(11) BD　(12) AB　(13) C　(14) BC　(15) C　(16) BC　(17) B　(18) D
(19) D　(20) A　(21) C

二、简答题

略

★ 第五章

一、选择题

(1) C　(2) A　(3) A　(4) A　(5) C　(6) D　(7) A　(8) B　(9) C　(10) C　(11) D

二、填空题

(1) DispatcherServlet　(2) @Controller，Handler，@RequestMapping
(3) 逻辑视图　(4) 前缀(prefix)，后缀(suffix)，/WEB-INF/jsp/index.jsp
(5) ModelAndView，ModelMap　(6) @RequestMapping

(7) @Controller (8) @RequestParam (9) @PathVariable

三、简答题

略

★ 第六章

略

★ 第七章

略

★ 第八章

略